环境工程专业实验系列教材

环境监测实验

陈刚　刘莹　台夕市　主编
黎承波　赵银军　副主编

清华大学出版社
北京

内 容 简 介

本书为环境监测实验课程教材。全书分三部分：第一部分介绍实验样品的采集、运输、保存及预处理。第二部分包括基础实验 35 个,涉及水、空气、土壤、微生物和噪声污染的基本项目监测；综合练习实验 5 个,作为拓展实践的参考。第三部分简述数据的修约、取舍以及精密度和准确度的表达。

本书可作为高等学校环境科学与工程专业的实验教学用书,也可供环保及相关专业技术人员参考。

图书在版编目(CIP)数据

环境监测实验/陈刚,刘莹,台夕市主编.—北京：清华大学出版社,2023.6
环境工程专业实验系列教材
ISBN 978-7-302-62286-4

Ⅰ.①环… Ⅱ.①陈… ②刘… ③台… Ⅲ.①环境监测－实验－高等学校－教材 Ⅳ.①X83-33

中国国家版本馆 CIP 数据核字(2023)第 007099 号

责任编辑：袁 琦 王 华
封面设计：何凤霞
责任校对：欧 洋
责任印制：刘海龙

出版发行：清华大学出版社
      网 址：http://www.tup.com.cn, http://www.wqbook.com
      地 址：北京清华大学学研大厦 A 座 邮 编：100084
      社 总 机：010-83470000 邮 购：010-62786544
      投稿与读者服务：010-62776969,c-service@tup.tsinghua.edu.cn
      质量反馈：010-62772015,zhiliang@tup.tsinghua.edu.cn
印 装 者：三河市君旺印务有限公司
经 销：全国新华书店
开 本：185mm×260mm 印 张：12 字 数：287 千字
版 次：2023 年 8 月第 1 版 印 次：2023 年 8 月第 1 次印刷
定 价：45.00 元

产品编号：098963-01

编 者 名 单

主　　　编　陈　刚　刘　莹　台夕市

副　主　编　黎承波　赵银军

参 编 人 员　杨金美　王元芳　郑师梅

参 编 单 位：潍坊学院

　　　　　　南宁师范大学

　　　　　　广西研易达科技有限公司

前 言
PREFACE

环境监测是生态环境保护的基础,是生态文明建设的重要支撑。本着"绿水青山就是金山银山"的生态思想理念,从新征程"精准治污、科学治污、依法治污"的环保任务出发,环境监测人才培养也要将"依法监测、科学监测、诚信监测"作为高校环境专业教育的追求和起点。随着新时代环保要求的提升和科技的进步,环境监测的标准和实验方法也在不断更新和优化,基于此我们编写了这本《环境监测实验》。

本书有三部分内容:

第一部分是关于环境监测实验样品的采集、保存及样品预处理的要求和方法,主要涉及水、大气和土壤三要素环境的监测样品。

第二部分为关于实验的描述,分为基础实验和综合练习实验两个类型,共计 40 个实验。其中,基础实验涉及水和废水中监测指标的测定、空气和废气中监测指标的测定、土壤监测指标的测定、微生物指标测定和噪声监测 4 个主要板块,共计 35 个实验。另外,从丰富课程内容、提升专业学习素养出发,增设了 5 个综合设计与实践练习实验,主要为了提高学生的监测方案设计与综合实践能力,可根据实际参考使用。

第三部分为实验结果数据的表达,介绍了实验测定数据的有效取舍、可疑数据检验方法的选择,以及准确度、精密度的基本表达。

本实验教材第一部分由陈刚和赵银军编写;第二部分水和土壤的监测实验由陈刚、王元芳编写,大气监测实验由台夕市、杨金美编写;微生物和噪声实验由刘莹、郑师梅编写;综合练习实验由赵银军、黎承波编写;第三部分由陈刚、赵银军编写;全书由陈刚修改定稿。

本教材的出版得到了潍坊学院"潍院学者"建设工程项目、潍坊学院化学工程与技术重点学科、潍坊市水生态安全与环境工程重点实验室项目和山东省自然科学基金(ZR2017MB057)的资助。同时获得了清华大学出版社、潍坊学院科研处、潍坊学院教务处、潍坊学院化学化工与环境工程学院等单位的大力支持和帮助,在此一并感谢。

本教材在编写过程中,学习和参考了有关的环境监测实验教材、技术工作用书和监测方法标准,在此向各位作者表示衷心的感谢。

由于编者水平所限,文中错误在所难免,敬请读者批评指正。

编 者
2023 年 4 月

目 录
CONTENTS

第一部分

实验样品的采集与处理

环境监测实验主要考察水、空气、土壤等环境的质量。测定这些环境中的各类无机物、有机物等指标。环境监测主要包括两个方面：一是环境监测方案的制定；二是对于既定监测方案的实践执行。从环境监测实验或者监测工作的顺序环节来看，主要包括实验准备，资料收集，实地调查，指标设定，采样点位设置，采样频次（时间）安排，样品的采集、运输、保存，实验检测，数据计算和实验报告撰写等。

这里以水、空气和土壤作为主要环境监测对象，将设定的环境质量指标作为实验分析目标，简要整理并概述实验样品的采集、运输、保存和预处理等相关的基本要求。

一、水样的采集和处理

1. 水样的采集

（1）河流水样的采集

采样点位：水样一般在设定的主要监测用水点采样。如果有支流汇入，要在干、支流充分混合点采样，同时分别在混合点之前的干、支流的汇流口采样（同样适用于有污水、废水流入的河流）。如果目标河流存在分流，则需在分流后的支流口设点采样。采样点应当在河流横向及垂向的不同位置。

采样时间：采样前至少要有 2 个连续的晴天，选择水质较稳定的时段。采样时间的设置应当充分考虑人为活动、企业工作时间、污染物到达采样断面的时间。对于受潮汐影响的河流，应当把水质最差的时间点纳入采样时段。

（2）坑塘湖库水样的采集

采样地点：在能切实反映水质的位置采样，如果对水样水质没有特殊要求或者干扰影响的前提下，可以直接用水桶等器材进行采样。从桥面上采样时，可将系绳子的聚乙烯桶或带有铅坠的采样瓶放入水中采样。在采样过程中，注意不能有水面漂浮物混入采样器中。对于较深的目标水体，应当首先测定水体温度，判断是否有分层现象，如有则根据情况分层采样。对于湖泊等大型水体，采样需要利用全球定位系统（global positioning system，GPS）等设备准确设定采样位置，并在后续的重复采样中保证点位一致。

采集方式：如果要测定水样的含油指标，应当在水面以下 30 cm 处采集，所得水样应全部用于实验测定，同时采样器不能用水样冲洗。如果水样用于测定溶解氧（dissolved oxygen，DO）或者五日生化需氧量（BOD_5）等有机污染指标，则需要注满样品瓶，确保没有空隙，密封盛存。如果采得的水样含有泥沙等沉降性物质，则应当将水样静置 30 min，然后转移至样品瓶中盛存,并根据指标测定需要加固定试剂。如果水样用于化学需氧量(chemical oxygen demand,COD)、高锰酸盐指数(I_{Mn})、总氮(TN)、总磷(TP)等指标分析,则首先将水样静置 30 min,然后将虹吸管置于液面以下 5 cm 处,转移水样至样品瓶中,然后根据测定需要加固定试剂。

(3) 沉积物的采集

河流、湖泊等水体的底泥沉积物采集,通常选用抓斗采泥器或者柱状采样管。在底泥堆积分布状况未知的情况下,采泥地点要均衡设置,根据实验需要可适当增加在同一个位置的具体采样点,因此可以在同一位置稍微变动点位采泥。沉积物样品一般盛存于广口样品瓶中。

(4) 地下水样的采集

从采样井中采集水样前,需要充分地抽除井内的旧水(更换新水),待新水将井内旧水充分替代后,再利用水管或者采水器从井中采集地下水样。如采集水样用于测定 H_2S 或者挥发性有机化合物(volatile organic compounds,VOCs)等指标,应当着重考虑采样季节、时间、温度变化等因素的影响。另外,对于水样中有机污染物的测定,要选用合适材质的采样器,避免采样器产生对目标物的吸附等干扰性影响。

(5) 工业污水的采集

采样位置:一般设置在采样断面的中心,当水深大于 1 m 时,在水面表层以下 1/4 水体深度处采样;对于水深不超过 1 m 的,在 1/2 水深处采样。对工业废水的采集,当分别按照生产周期或者生产环节单元采样时,pH、COD、BOD_5、DO、硫化物、油类、有机污染物、粪大肠菌群、悬浮物、放射性等指标水样需单独采样,不能混合。

采样频次:根据生产周期的不同,生产周期不大于 8 h 的,按每小时一次采样,周期大于 8 h 的,按照每两小时一次采样,每个生产周期的采样次数要不少于 3 次。污水采样的过程中,应同时测定污水流量。

(6) 浮游生物的采集

采集浮游生物,可以利用 25 号(网孔直径 0.064 mm)浮游生物网,或根据浮游生物的测定种类确定网的目数。

采样的过程中,尽量避免对目标水体造成大的搅动。在采样过程中,要避免人为接触样品,特别是微生物样品,不能用手接触采样相关器材和样品瓶的瓶口或内壁;要保持人员、采样器材或者船只等位于采样点的下风向,防止船只废气、人员杂物的污染或者干扰。采样结束后,应及时清洗干净所用器材并妥善存放样品,并按照指标测定需要在一定的保存条件下将样品送抵实验室。

2. 水样的处理

(1) 样品容器

盛存水样的容器以及塞子的化学和生物性质应该是惰性的,以防止容器与样品组分发生反应。样品容器对水样中组分不能发生吸收或者吸附作用,以避免目标物浓度发生变化。另外,样品容器应当易于清洗,便于重复利用。新的容器一般可以使用清洁剂、有机试剂、酸溶液进行清洗。应当注意不同洗涤剂对水样中目标物的潜在影响,合理选择清洗方式。例如:用于测定 COD 等有机物指标的水样,不能使用经表面活性剂清洗的容器保存。用于测定金属离子的水样,不能用经过硝酸溶液浸泡洗涤的玻璃容器保存。用于测定含磷的富营养化物质的水样,不能使用含磷的清洁剂洗涤过的容器保存。另外,样品容器的选择,要根据测定指标的不同选择适合的材质,如果实验条件允许可以选用聚四氟乙烯(PTFE)材质的容器,从而有效避免容器成分的溶出及发生污染。

（2）固定试剂

在采集现场或者保存水样时,可以根据待测指标需要添加固定试剂。溶液 pH 的控制一般利用盐酸、硫酸、硝酸、氢氧化钠等酸碱试剂调节。微生物活动的抑制可以根据具体测定指标,选用叠氮化钠、鲁哥试剂、氯化汞或者三氯甲烷等。另外,根据对水样溶液氧化、还原状态的控制需要,可以根据不同的指标加入不同的还原、氧化试剂。例如:在测定硫化物的水样中可以加入抗坏血酸,在含有痕量汞的水样中加入硝酸-重铬酸钾溶液,用以保持水样溶液的氧化性,避免目标物汞发生还原性变化。

（3）运输与保存

在通常情况下,应当将样品妥善安置于包装箱中,在避免振荡、倾倒、曝光、高温、渗漏的状态下,尽快送回实验室,立即分析测定。

如果在短时间内来不及分析样品,则应当根据待测指标选择适当的保存方式。一般水样可置于 1~5℃下冷藏、密封、避光,保存 1~3 d,保存时间不宜过长。在冷冻温度(−20℃甚至更低)下,一般能延长样品的有效保存。但是,分析挥发性物质、含细胞的生物样品,以及盛存样品的普通塑料容器均不适于在冷冻环境中存放。样品冻存前,应当充分考虑结冰体积膨胀造成容器胀裂破碎的可能。

（4）简单预处理

由于样品来源水体的不同,采集所得水样中可能含有藻类、细菌等微生物以及悬浮性颗粒物等物质,因此可以选择过滤或离心方式去除该类杂质。

一般地,过滤操作可以选用漏斗过滤或砂芯抽滤,根据测定项目的不同,分析无机物指标可以选用玻璃纤维滤纸或者滤膜,分析有机物指标可以选用非水相滤膜,另外可根据过滤要求不同选用 $0.45~\mu m$ 或 $0.22~\mu m$ 滤膜。

水样处理时离心机的选择,可以根据水样用量及转速需要选择水平转子或固定转子离心机,还可根据温度要求,选择常温或者控温功能的离心机。

二、空气样品的采集

大气环境中含硫氧化物、氮氧化物、臭氧等待测气体样品的采集,通常采用仪器采集-溶液吸收的方式。在采样现场,记录气温、气压、湿度、风速等天气状况。采集过程中注意采样时间、时长、流量、温度,以及吸收溶液的气泡发生状态等。

1. 采样点周围环境

采样点现场周边 1000 m 内的土地使用状况相对稳定。采样点周边不能有影响大气正常流通的建筑物或者树木。采样口与周边最高障碍物的水平距离不少于二者高度差的 2 倍,采样口和障碍物顶部连线与地面夹角须小于 30°。采样口周围水平面范围内,270°以上空间为自由空间。

采样点周围环境需状况稳定,不存在影响采集效果的污染源,不存在影响采集活动的自然潜在风险或者危害。采样点周边不存在影响仪器工作的强功率电磁干扰,采样点周边出行方便、交通便利。

2. 采样口位置要求

一般地,采样口应距离地面 1.5~15 m。对于路边交通点,采样口应距离地面 2~5 m。

如果采样点 300～500 m 存在均高 25 m 以上建筑物,则采样口应设置在 20～30 m 高度。在建筑物上采集样品时,采样口要距离墙面大于 1 m。平行采样口之间,直线距离应当大于 1 m;如果使用大功率采样器,则平行采样口间距应大于 2 m。

三、土样的采集和处理

1. 土样的采集

土样的采样点应当选择土壤类型明显、地形平坦、质地稳定的地点;应当避开坑洼地、人为活动干扰点,避开交通道路、桥梁,不选水土流失严重点位,不在岩石交错、土质混杂的位置设点采样。

采集表层土壤样品时,农田样品一般采集 0～20 cm 土壤,果园样品采集 0～60 cm 土壤。每个土壤单元一般设 3～7 个采样区(自然或者人为分割的田块,大致范围 200 m×200 m)。点位的布设可以采用对角线法、梅花点法、棋盘法、蛇形布点法等。

对于建设用地,一般每 100 hm² 占地不少于 5 个且总数不少于 5 个采样点。另外,小项目设置 1 个柱状采样点,大、中型项目设置不少于 3 个柱状采样点,特大项目设置不少于 5 个柱状采样点。城市土壤采样分上、下两层分别采集,即上层 0～30 cm(可能是回填土或受人为影响大)的部分,下层 30～60 cm(人为影响相对较小)的部分。对于土壤污染事故现场采样,一般以污染中心采用同心圆的方式布设点位,采集不少于 5 个样品。

2. 土样的预处理

(1) 干燥

将土样置于样品盘中,手动简单破碎,平摊成 2～3 cm 厚度,去除砂石、草根、树叶、蜗牛壳等杂质,置于阴凉处,通风晾干。较干燥的土样也可以采用冷冻干燥的方式完成。

(2) 粉碎研磨

将风干或者经冷冻干燥后的土样置于有机玻璃或者硬质木板上,敲打、碾碎,去除杂质,混合均匀;将样品过孔径 0.85 mm 尼龙筛(或者根据实验需要采用 1 mm 或者 2 mm 筛)。过筛后的样品置于无色聚乙烯薄膜上,搅拌混匀,用样品四分法分成两份,一份样品存贮备用,另一份用作样品的细磨。

粗磨样品可用于土壤 pH、阳离子交换量、元素有效态含量等指标的分析。用于细磨的样品,再用四分法分成 2 份,一份研磨到全部过孔径 0.25 mm 筛,用于农药或土壤有机质、土壤全氮量等指标分析,另一份样品研磨到全部过孔径 0.15 mm 筛,可用于土壤元素或者重金属等指标的分析测定。

3. 土样的保存

对于易分解或含有易挥发等不稳定组分的土样,需采取低温保存的方式运输、贮存。样品要尽快送达实验室并分析测试。需要用新鲜样品测定分析指标的土样,采集后装入可密封的聚乙烯或玻璃容器,且充满容器。样品瓶置于冰箱中,在不大于 4℃ 的温度下,密封、避光保存。尽量避免用含有待测组分或对测试有干扰材质的容器盛存样品,测定有机污染物用的土壤样品要选用玻璃容器装存。

分析取用后的剩余样品一般保留半年。样品库中保存的预留样品一般保留 2 年。对于情况特殊的、珍稀的、涉及仲裁的、具有问题争议的样品一般要永久保存。

第二部分

基础实验与综合练习实验

Ⅰ 水和废水中监测指标的测定

实验一 水的温度、色度和浊度的测定

水的物理、化学性质,如密度、黏度、pH、气体溶解量、化学反应速率等与基础实验有着密切的关系。水的温度对于热污染、各类污染的自净过程和污染物的迁移转化等方面,有着重要影响。

纯净的水无色透明。泥土颗粒、腐殖质、溶解性物质和有色金属离子、浮游动物和植物的存在,使得天然的水体呈现不同深浅的颜色。另外,工农业生产废水和各类生活污水也会导致水体污染,从而使水体变得有色。

水中含有无机物(泥土、粉砂)、微细有机物(浮游生物等悬浮物和胶体物)等多种不溶性物质,这些物质使原来无色透明的水变得浑浊,其浑浊的程度称为浑浊度或浊度。浊度与色度都会影响水体的透光性,因此影响水生生物的正常生长,甚至影响生存。

一、温度的测定

(一)实验目的

熟悉温度计的主要类型、使用原理、使用方式及应用对象。

(二)实验原理

水体测量用温度计有 3 种,分别是常见的水银温度计、深水温度计以及专门用于测量更深水体温度的闭端颠倒温度计。水银温度计适用于水深较浅的地表水的表层温度测量;深水温度计适用于深度 40 m 以内的相对较深的水体的温度测量;闭端颠倒温度计则适用于深度超过 40 m 的各类水体的温度测量。实验中应根据水深选择适用的温度计,对目标水体现场测量温度并直接读取、记录数据和环境状况。

(三)实验器材

(1)水温计。水温计的金属管内安装有水银温度计,槽罐的上端有系绳用的提环,下端

连接有金属的贮水杯,温度计的球部悬置在水杯中。水温计的测量范围为−6~40℃,温度分值为0.2℃。

(2)深水温度计。深水温度计比水温计的盛水套筒体积更大,筒体上、下有出水和进水的开口活门,可以在向水中下放和提拉出水的过程中开启和关闭,完成对具体位置水深处水样的采集和贮存。

(3)闭端颠倒温度计。闭端颠倒温度计与普通温度计的测温原理是相同的,不同之处在于它的结构和制作方法。闭端颠倒温度计的毛细管是真空的。当颠倒时,由于重力的作用,球部的一部分汞由毛细管流向接收泡,另一部分汞由贮泡经过狭窄处的盲枝时,由于表面张力的作用,汞在此中断,此时不管温度计的汞是膨胀还是收缩,球部的汞不会越过盲枝进入毛细管中,读取的温度数值即为温度计发生颠倒时所处的水深处的水温。

(四) 实验步骤

1. 水深40 m以内水温的测定

将温度计或深水温度计下置于水体的待测深度,放置5 min,然后将温度计迅速提出并读数。从温度计提出到完成读数不超过20 s。如果气温与现场水体温度差异较大,尤其需要注意操作速度。在需要的情况下,可以重复测温操作。

2. 更深水体温度的测定

将闭端颠倒温度计下置于水体的待测深度,使之感温10 min,打击采水器的撞击开关,使其完成颠倒动作。将温度计提出,读取温度数值:主温读取2位小数,辅温读取1位小数。根据主、辅温度计上的读数,分别查取主、辅温度计的器差表,并根据其数值计算相对应的校正值。

(五) 实验结果分析

闭端颠倒温度计校正值 K 的计算:

$$K = \frac{(T-t)(T+V_0)}{n}\left(1 + \frac{T+V_0}{n}\right)$$

式中: T——主温表上经过器差表修正后的读数;

　　　t——辅温表上经过器差表修正后的读数;

　　　V_0——主温表自接收泡至0℃处的汞容积(温度表示);

　　　$1/n$——汞与温度表的玻璃间的相对体积膨胀系数。n通常取值为6300。

水温 = 主温表读数 + 还原校正值 K

(六) 注意事项

(1)实验中所用的温度计,均需要定期进行专业校核。

(2)操作过程中,如果现场的气温大于35℃或者小于−30℃,水温计在水中的停留时间要适当地延长,从而保证感温充分、稳定平衡。

(3)根据实验条件,也可以利用带有温度计的采水器,一并完成样品采集和测温。

(七) 讨论与思考

如果目标水体的深度较大,存在变温层,如何测定水体的实际温度?

二、色度的测定

（一）实验目的
（1）掌握色度测定方法的原理、操作方式，以及方法适用的对象水体。
（2）熟悉影响水体色度测定的干扰因素及其消除手段。

（二）实验原理
水体的颜色可以分为水的表观颜色和水的真实颜色。表观颜色指的是，测定对象是没有经过离心或者过滤的原始样品，由于水中的溶解性物质和悬浮性物质而产生的颜色。真实颜色指的是，去除悬浮物后，仅由溶解性物质引起的水体颜色。真实颜色测定前，需要将水样充分静置，取其澄清的上清液测定；或者取离心后的上清液测定；抑或将水样经 0.45 μm 滤膜过滤后测定。

水体的色度，以含量为 2 mg/L 的六水合氯化钴溶液的颜色为 1 度。本实验中，主要通过铂钴标准比色法[用氯铂酸钾、六水合氯化钴（Ⅱ）配制一系列的色度标准溶液，将待测水样与标准溶液进行色度目测比对，将与样品色度相当的标准溶液色度数值作为水样色度]测定相对清洁的或者略带有黄色的天然水和饮用水的色度。其他颜色较重的工业废水和生活污水，可以采用文字描述和稀释倍数法测定色度。

（三）实验器材与试剂
1. 主要器材
（1）分析天平。
（2）砂芯抽滤装置（0.45 μm 滤膜）。
（3）具塞比色管：50 mL，标线高度一致。
（4）容量瓶：1000 mL。
（5）水平转子离心机：50 mL 或 100 mL 离心管。
（6）移液管：2 mL、5 mL、10 mL。
（7）量筒：150 mL。
（8）pH 计。

2. 主要试剂
除非另有说明，实验中所用试剂均为分析纯。
（1）色度标准溶液：准确称取 1.246 g 氯铂酸钾（K_2PtCl_6）、1.000 g 六水合氯化钴（$CoCl_2 \cdot 6H_2O$），溶解于 300 mL 去离子水中，加 100 mL 盐酸，转移到 1000 mL 容量瓶中，用去离子水稀释、定容至标线。

该标准溶液色度为 500 度，需在密封、避光、低于 30℃ 环境中保存，可稳定有效备用 6 个月。

（2）标准色列溶液：分别移取 0 mL、0.50 mL、1.00 mL、1.50 mL、2.00 mL、2.50 mL、3.00 mL、3.50 mL、4.00 mL、4.50 mL、5.00 mL、6.00 mL、7.00 mL 的色度标准溶液，置于一系列 50 mL 的具塞比色管中，用去离子水稀释、定容至标线，摇动均匀。对应地，各比色管中溶液色度为：0 度、5 度、10 度、15 度、20 度、25 度、30 度、35 度、40 度、45 度、50 度、60 度、70 度。

该标准色列溶液也需在密封、避光、低于 30℃ 环境中保存，可稳定有效备用 1 个月。

（四）实验步骤

1. 样品的采集和预处理

水样如果浑浊,可以静置至澄清,或者用离心机分离,吸取其上清液进行测定;或者使水样通过 $0.45\ \mu m$ 滤膜,经过砂芯抽滤后去除悬浮物,移取澄清滤液进行后续色度测定。

要尽快测定采集获得的水样,如需保存,需将样品密封、避光、4℃下保存,保存不超过48 h。

2. 水样的测定

(1) 相对清洁水样的测定。

移取 50 mL 预处理后的澄清水样于比色管中,目视比对水样和标准色列溶液。观测过程中,将水样和标准色列的比色管置于白纸上,使光线从管子底部向上透过液柱。垂直向下观察液柱,找出与水样色度最相近的标准色列,记录对应的色度数值。

如果水样色度超过 70 度,可以取适量水样按比例稀释,再依法测定色度。

(2) 工业有色废水的测定。

移取 100～150 mL 预处理后的澄清水样,置于烧杯中,以白纸为背景目视颜色并描述记录种类特征。

移取水样,用去离子水按照不同比例,分别稀释、定容于 50 mL 比色管中,以白纸为背景,由上而下目视水样颜色,以蒸馏水作为参比溶液,直到水样稀释后看不到颜色,记录该溶液的稀释倍数。

（五）实验结果分析

目视比色法:

$$水样色度 = \frac{A \times 50}{B}$$

式中：A——稀释后水样相当于标准色列溶液的色度;

B——水样体积,mL;

50——稀释后水样体积(比色管体积),mL。

（六）注意事项

(1) 由于滤纸对水样中的有色物质存在吸附作用,所以水样的过滤操作不能使用滤纸。

(2) pH 对溶液的颜色有较大的影响,因此需要同时测定水样的 pH。

(3) 实验中所用玻璃器材,均需用洗涤剂溶液或盐酸溶液浸泡清洗干净、用去离子水冲洗、干燥,使用前用去离子水润洗。

(4) 测定水样的真实颜色,应采用静置方式澄清溶液,或者用离心法、抽滤法去除悬浮物。如果测定水样的表观颜色,则待水中大的颗粒物沉降后取上清液测定。

（七）讨论与思考

(1) pH 对水样溶液的颜色会有哪些影响或者干扰?

(2) 目视比色法与稀释倍数的测定方式是否可以混同使用?

三、浊度的测定

（一）实验目的

(1) 掌握分光光度法测定水样浊度的原理和操作。

（2）熟悉影响水样准确测定的因素以及消除干扰的对应手段。

（二）实验原理

水中浊度的大小不仅和颗粒物的含量有关，也与颗粒物的粒径分布、形状、颗粒对光的散射特性等有关系。测定浊度的常用方法有分光光度法、目视比浊法、浊度计法。本次实验采用分光光度法，即在适当的温度下，使硫酸肼与六亚甲基四胺发生聚合，生成白色的高分子聚合物，以其作为浊度的标准溶液，将水样与之比较，得到相应的水样浊度。该方法适用于饮用水、天然水体和高浊度的多种水体浊度的测定。

（三）实验器材与试剂

1. 主要器材

（1）分析天平。

（2）分光光度计（30 mm 光程比色皿）。

（3）砂芯抽滤装置：0.22 μm 滤膜。

（4）具塞比色管：50 mL。

（5）容量瓶：100 mL。

（6）移液管：2 mL、5 mL、10 mL、15 mL。

2. 主要试剂

除非另有说明，实验中所用的试剂均为分析纯，所用水均为去离子水。

（1）无浊度水：将蒸馏水通过 0.22 μm 滤膜过滤，所得滤液盛存于两次荡涤润洗过的烧瓶中。

（2）浊度标准溶液。

① 硫酸肼溶液（10 g/L）：准确称取 1 g 硫酸肼[$(N_2H_4)H_2SO_4$]溶解于水中，转移至 100 mL 容量瓶中，用水稀释、定容至标线。

② 六亚甲基四胺溶液（100 g/L）：准确称取 10 g 六亚甲基四胺[$(CH_2)_6N_4$]，溶解于水中，转移至 100 mL 容量瓶中并稀释、定容至标线。

分别移取 5.00 mL 硫酸肼溶液、5.00 mL 六亚甲基四胺溶液，置于 100 mL 容量瓶中，摇动均匀。在（25±3）℃下静置 24 h，冷却后，用水稀释、定容至标线，摇动均匀。该溶液浊度为 400 度，可保存 1 个月有效备用。

（四）实验步骤

1. 样品的采集与保存

采集所得水样需贮存于具塞玻璃瓶中，样品不得含有碎屑及易于发生沉降的颗粒。水样应采集后尽快检测，如需保存，须在 4℃下密封避光保存，不超过 24 h。

水样分析前，需剧烈振荡并使其温度恢复至室温。实验测定波长为 680 nm，天然水体中的淡黄色、淡绿色对色度的测定没有干扰。

2. 水样的测定

（1）浊度标准曲线的绘制：分别移取浊度标准溶液 0 mL、0.50 mL、1.25 mL、2.50 mL、5.00 mL、10.00 mL、12.50 mL，分别置于一系列的 50 mL 比色管中，用无浊度的去离子水稀释、定容至标线。摇动均匀后，所得溶液浊度分别为：0 度、4 度、10 度、20 度、40 度、80 度、100 度的标准溶液。在 680 nm 波长处，用 30 mm 光程比色皿测定吸光度，绘制标准曲线。

（2）水样的测定：将水样振摇均匀，移取 50 mL 置于比色管中。后续如前操作，在 680 nm 波长处，用 30 mm 光程比色皿测定吸光度，根据测定结果，从标准曲线上查得水样浊度。如果水样中浊度超过 100，可适量取样，用去离子水稀释至 50 mL，然后进行测定操作。

（五）实验结果计算

$$水样浊度 = \frac{A \cdot (B + C)}{C}$$

式中：A——稀释后水样的浊度，度；

　　　B——稀释用去离子水的体积，mL；

　　　C——所取水样的体积，mL。

不同的水样浊度及测定精度要求见表 1-1。

表 1-1　水质样品浊度及测定精度

水样浊度范围/度	精度/度
1＜水样浊度≤10	1
10＜水样浊度≤100	5
100＜水样浊度≤400	10
400＜水样浊度≤1000	50
水样浊度＞1000	100

（六）注意事项

（1）硫酸肼有毒、致癌，须做好防护，规范操作。

（2）实验中所用玻璃器材，均需用含表面活性剂或者盐酸的洗涤剂清洗，否则不清洁的器皿或者水中溶解的气泡会影响测定结果的准确性。

（七）讨论与思考

（1）天然水体或工业废水的色度与水样的浊度有无关系，有无影响？

（2）影响水样浊度测定结果准确性的主客观因素有哪些？

实验二　天然水体中酸碱度的测定

　　天然水体中的酸度指的是水中能与强碱发生中和作用的所有物质的总和,代表的是在水中能够释放 H^+,或者经过水解而产生 H^+ 的物质的总量。与酸度类似,天然水体中的碱度指的是水中能够与强酸发生中和作用的所有物质的总和,也就是能够接受 H^+ 的物质的总量。

　　地表水中,由于大气中 CO_2 的溶入或者工业含酸废水的排放,使得水体的 pH 下降。酸有腐蚀性,会破坏水生态环境和作物的正常生长条件,从而导致水生生物的死亡以及作物的非正常生长和生产。同样,水中的碱性物质也来源较多,但是天然的地表水中,碱度基本上是源于碳酸盐、磷酸盐、硅酸盐等。碱度指标常用于评价水体的缓冲能力以及金属在水中的溶解度和毒性,是对水体处理过程控制的判断性指标。酸度与碱度都是判断水体质量、衡量水体变化的重要指标。

一、实验目的

　　(1) 掌握酸度和碱度的实验原理以及不同类型酸碱度的滴定操作环节。

　　(2) 熟悉天然水体中不同类型酸碱度的表征和分析方式。

二、实验原理

　　对于天然水和未污染的地表水,其酸度与碱度可以利用碱溶液与酸溶液分别滴定,通过各自消耗的碱的量和酸的量,对应地分析具体的酸度、碱度类型,并计算得到酸度、碱度的量值。在滴定的过程中,水的酸度、碱度的数值,随所用的指示剂指示的滴定终点的 pH 值的不同而有所差异。

　　水样酸度测定,用标准的强碱溶液滴定,以甲基橙作为指示剂,当溶液由黄色变成橙红色(pH 值约为 4.3)时停止滴定,由此得到水的总碱度,也称为甲基橙碱度。滴定以酚酞作为指示剂,当溶液由无色变为浅红色(pH 值约为 8.3)时停止滴定,得到水的酚酞碱度。

　　同样地,用标准的强酸溶液滴定水样,用酚酞做指示剂,当滴定至溶液由红色变为无色时(pH 值约为 8.3),说明水中的 OH^- 已被中和,CO_3^{2-} 均转化为 HCO_3^-,即

$$OH^- + H^+ \longrightarrow H_2O, \quad CO_3^{2-} + H^+ \longrightarrow HCO_3^-$$

当用甲基橙作为指示剂,溶液颜色由橘黄色变为橘红色时(pH 值约为 4.3),说明水中的 HCO_3^- 被中和转化为了 H_2O 和 CO_2,即

$$HCO_3^- + H^+ \longrightarrow H_2O + CO_2 \uparrow$$

　　根据不同滴定过程中消耗的酸标准溶液的体积,相应地计算得到水样中碳酸盐碱度、重碳酸盐碱度以及总碱度。

三、实验器材与试剂

　　1. 主要器材

　　(1) 分析天平。

　　(2) 烘箱。

（3）电热炉。

（4）酸、碱滴定管：50 mL。

（5）容量瓶：100 mL、1000 mL。

（6）聚乙烯瓶：150 mL。

（7）锥形瓶：250 mL。

（8）移液管：10 mL、25 mL。

（9）滴管。

2. 主要试剂

除非另有说明，实验中所用试剂均为分析纯。

（1）无二氧化碳水：取适量蒸馏水，置于烧杯中，至少煮沸 15 min，加盖冷却至室温，备用。

（2）氢氧化钠标准溶液（0.1 mol/L）：称取 60 g 氢氧化钠溶解于 50 mL 无二氧化碳水中，转移到 150 mL 聚乙烯瓶中，待冷却后，用装有碱石灰的橡皮塞塞紧，静置 24 h。移取静置后的上清液 7.5 mL，置于 1000 mL 容量瓶中，用无二氧化碳水稀释、定容至标线，摇动均匀，转移到聚乙烯瓶中保存、备用。

浓度标定：准确称取基准级苯二甲酸氢钾（110℃、烘干 2 h）0.5 g，置于 250 mL 锥形瓶中，用 100 mL 无二氧化碳水溶解，滴加 4 滴酚酞指示剂，用氢氧化钠标准溶液滴定，至溶液呈现浅红色。用无二氧化碳水作为空白参比溶液，计算氢氧化钠标准溶液浓度：

$$C = \frac{m \times 1000}{(V_1 - V_0) \times 204.23}$$

式中：C——氢氧化钠标准溶液摩尔浓度，mol/L；

　　　m——苯二甲酸氢钾质量，g；

　　　V_0——滴定空白溶液时，氢氧化钠标准溶液的消耗量，mL；

　　　V_1——滴定苯二甲酸氢钾溶液时，氢氧化钠标准溶液的消耗量，mL；

　　　204.23——苯二甲酸氢钾的摩尔质量，g/mol。

（3）氢氧化钠标准滴定溶液（0.02 mol/L）：准确移取 20 mL 氢氧化钠标准溶液（0.1 mol/L），置于 100 mL 容量瓶中，用无二氧化碳水稀释、定容至标线，转移到聚乙烯瓶中保存、备用。

（4）酚酞指示剂：称取 0.5 g 酚酞，溶解于 50 mL 的 95% 乙醇中，用水稀释至 100 mL。

（5）甲基橙指示剂：称取 0.05 g 甲基橙，溶解于 100 mL 水中。

（6）硫代硫酸钠标准溶液（0.1 mol/L）：称取 2.5 g 五水合硫代硫酸钠（$Na_2S_2O_3 \cdot 5H_2O$）溶解于无二氧化碳水中，转移至 100 mL 容量瓶中，用水稀释、定容至标线。

（7）碳酸钠标准溶液（1/2 Na_2CO_3，0.0250 mol/L）：准确称取 1.3249 g 基准级无水碳酸钠，溶解于无二氧化碳水中，转移至 1000 mL 容量瓶中，用无二氧化碳水稀释、定容至标线，摇动均匀。转移并贮存于聚乙烯瓶中，1 周内保存、备用。

（8）盐酸标准溶液（0.0250 mol/L）：准确移取 2.1 mL 浓盐酸，置于 1000 mL 容量瓶中，用蒸馏水稀释、定容至标线。

浓度的标定：准确移取 25 mL 碳酸钠标准溶液，置于 250 mL 锥形瓶中，用无二氧化碳稀释至 100 mL，滴加 3 滴甲基橙指示剂，用盐酸标准溶液滴定，至溶液由橘黄色变为橙红

色,记录盐酸标准溶液消耗体积,计算其准确浓度,即

$$C = \frac{25.00 \times 0.0250}{V}$$

式中：C——盐酸标准溶液摩尔浓度,mol/L；

　　　V——滴定消耗的盐酸标准溶液体积,mL。

四、实验步骤

1. 水样的采集与保存

在目标水体采集的样品,用聚乙烯瓶或者硼硅玻璃瓶贮存。水样要充满样品瓶,不能留有空隙。瓶塞须盖好,分析前不能随意打开。滴定分析前,水样不能过滤、稀释、浓缩。样品采集后应在 4℃ 下保存,应于当天检测,对于含有可溶解性盐类或者可氧化态阳离子的水样,更应当及时分析。

2. 酸度的滴定

取 10~25 mL 的适量水样,置于 250 mL 锥形瓶中,用无二氧化碳水稀释至 100 mL,滴加 2 滴甲基橙指示剂溶液,用准确标定浓度后的氢氧化钠稀释溶液(0.02 mol/L)滴定,至溶液由橙红色变为橘黄色,记录氢氧化钠溶液消耗的体积 V_1。

另移取一份相同体积水样,置于 250 mL 锥形瓶中,用无二氧化碳水稀释至 100 mL,滴加 4 滴酚酞指示剂溶液,用氢氧化钠标准溶液(0.02 mol/L)滴定,至溶液刚好变为浅红色为止,记录氢氧化钠溶液消耗的体积 V_2。

3. 碱度的滴定

移取 100 mL 水样于 250 mL 锥形瓶中,滴加 4 滴酚酞指示剂溶液,摇动均匀,溶液呈红色。用准确标定浓度后的盐酸标准溶液滴定,直至溶液刚好褪至无色,记录盐酸标准溶液消耗量。

另移取一份相同体积的水样,滴加 3 滴甲基橙指示剂溶液,摇动均匀,用盐酸标准溶液滴定,至溶液刚好由橘黄色变为橙红色,记录盐酸标准溶液的消耗量。

五、实验结果分析

1. 酸度的计算

$$\text{甲基橙酸度(从 } CaCO_3 \text{ 计,mg/L)} = \frac{M \times V_1 \times 50.05 \times 1000}{V}$$

$$\text{酚酞酸度(总酸度以 } CaCO_3 \text{ 计,mg/L)} = \frac{M \times V_2 \times 50.05 \times 1000}{V}$$

式中：M——标准氢氧化钠溶液摩尔浓度,mol/L；

　　　V_1——甲基橙做指示剂时,氢氧化钠标准溶液消耗的体积,mL；

　　　V_2——酚酞做指示剂时,氢氧化钠标准溶液消耗的体积,mL；

　　　V——水样的体积,mL；

　　　50.05——碳酸钙(1/2 $CaCO_3$)的摩尔质量,g/mol。

2. 碱度的计算

对大多数天然水体来说,碱性物质引起并产生水中碱度,包括 5 种基本的情形。假设以酚酞做指示剂时,滴定至颜色变化所消耗盐酸标准溶液的量为 P(mL),以甲基橙作为指示

剂时盐酸标准溶液用量为 $M(\mathrm{mL})$，则盐酸标准溶液总消耗量为 $T=P+M$。

其中，当 $P=T$ 或者 $M=0$ 时，P 代表全部氢氧化物和一半的碳酸盐的量。因为 $M=0$ 表示水样中不含有碳酸盐，所以也不会存在重碳酸盐。由此可知，$P=T=$ 氢氧化物的量。

当 $P>1/2T$ 时，说明 $M>0$，有碳酸盐，而且碳酸盐量 $=2M=2(T-P)$。同时，由于 $P>M$，说明还有氢氧化物存在，氢氧化物的量 $=T-2(T-P)=2P-T$。

当 $P=1/2T$ 时，也就是 $P=M$ 时，M 表示一半的碳酸盐量，也就是说水样中只有碳酸盐，而且碳酸盐量 $=2P=2M=T$。

当 $P<1/2T$ 时，$M>P$，此时的 M 说明水样中不但有碳酸盐转化产生的重碳酸盐，而且还有水样中原先就有的重碳酸盐。也就是碳酸盐量 $=2P$，重碳酸盐量 $=T-2P$。

当 $P=0$ 时，这时的水样中只有重碳酸盐。重碳酸盐的量 $=M=T$。

前边列数的不同酚酞和甲基橙作为指示剂时，消耗盐酸标准溶液的量的不同关系情形，可以通过表 2-1 罗列比较。

表 2-1 碱度的组成

滴定的结果	氢氧化物(OH^-)	碳酸盐(CO_3^{2-})	重碳酸盐(HCO_3^-)
$P=T$	P	0	0
$P>1/2T$	$2P-T$	$2T-P$	0
$P=1/2T$	0	$2P$	0
$P<1/2T$	0	$2P$	$T-2P$
$P=0$	0	0	T

结合表 2-1 所示的 5 种不同滴定结果，可以通过下列公式计算不同情况下的总碱度、碳酸盐碱度和重碳酸盐碱度的具体量值。

1）总碱度

$$总碱度（以 CaO 计，mg/L）=\frac{C(P+M)\times 28.04}{V}\times 1000$$

$$总碱度（以 CaCO_3 计，mg/L）=\frac{C(P+M)\times 50.05}{V}\times 1000$$

式中：C——盐酸标准溶液摩尔浓度，mol/L；

28.04——氧化钙($1/2CaO$)摩尔质量，g/mol；

50.05——碳酸钙($1/2CaCO_3$)摩尔质量，g/mol。

2）碳酸盐碱度、重碳酸盐碱度

（1）当 $P=T$ 时，$M=0$

$$碳酸盐碱度（CO_3^{2-}，mg/L）=0$$

$$重碳酸盐碱度（HCO_3^-，mg/L）=0$$

（2）当 $P>1/2T$ 时

$$碳酸盐碱度（以 CaO 计，mg/L）=\frac{C(T-P)\times 28.04}{V}\times 1000$$

$$碳酸盐碱度（以 CaCO_3 计，mg/L）=\frac{C(T-P)\times 50.05}{V}\times 1000$$

碳酸盐碱度$(1/2\ CO_3^{2-},mol/L)=\dfrac{C(T-P)}{V}\times 1000$

重碳酸盐碱度$(HCO_3^-,mg/L)=0$

（3）当 $P=1/2T$ 时，$P=M$

碳酸盐碱度（以 CaO 计，mg/L）$=\dfrac{C\cdot P\times 28.04}{V}\times 1000$

碳酸盐碱度（以 $CaCO_3$ 计，mg/L）$=\dfrac{C\cdot P\times 50.05}{V}\times 1000$

碳酸盐碱度$(1/2CO_3^{2-},mol/L)=\dfrac{C\cdot P}{V}\times 1000$

重碳酸盐碱度$(HCO_3^-,mg/L)=0$

（4）当 $P<1/2T$ 时

碳酸盐碱度（以 CaO 计，mg/L）$=\dfrac{C\cdot P\times 28.04}{V}\times 1000$

碳酸盐碱度（以 $CaCO_3$ 计，mg/L）$=\dfrac{C\cdot P\times 50.05}{V}\times 1000$

碳酸盐碱度$(1/2CO_3^{2-},mol/L)=\dfrac{C\cdot P}{V}\times 1000$

重碳酸盐碱度（以 CaO 计，mg/L）$=\dfrac{C(T-2P)\times 28.04}{V}\times 1000$

重碳酸盐碱度（以 $CaCO_3$ 计，mg/L）$=\dfrac{C(T-2P)\times 50.05}{V}\times 1000$

重碳酸盐碱度$(HCO_3^-,mol/L)=\dfrac{C(T-2P)}{V}\times 1000$

（5）当 $P=0$ 时
碳酸盐碱度$(CO_3^{2-},mg/L)=0$

重碳酸盐碱度（以 CaO 计，mg/L）$=\dfrac{C\cdot M\times 28.04}{V}\times 1000$

重碳酸盐碱度（以 $CaCO_3$ 计，mg/L）$=\dfrac{C\cdot M\times 50.05}{V}\times 1000$

重碳酸盐碱度$(HCO_3^-,mol/L)=\dfrac{C\cdot M}{V}\times 1000$

六、注意事项

（1）酸度滴定过程中，如果水样中含有硫酸铁、硫酸铝，滴加酚酞指示剂后，将溶液加热煮沸 2 min，趁热滴定至溶液呈红色。

（2）如果水样中存在游离态的二氧化碳，那么就不存在碳酸盐，因此可以直接用甲基橙作为指示剂进行滴定分析。

（3）如果水样中的总碱度含量小于 20 mg/L，盐酸标准溶液浓度可以改配为 0.01 mol/L，或者根据实验条件改用 10 mL 容量的微量滴定管进行滴定分析，从而保证分析的精确度。

（4）余氯的存在会破坏指示剂，因此当水样中含有余氯时，可以滴加1~2滴0.1 mol/L的硫代硫酸钠消除干扰。

七、讨论与思考

（1）采集得到的水样，为什么要尽快分析，并且分析前不能随意打开样品瓶？

（2）为什么酸碱滴定法适用于天然水体，而不完全适用于工业废水和生活污水？

实验三　水中铬与总铬的测定

按照各元素在地壳中的含量，铬(Cr)属于分布较广的元素之一。化合物形态的铬常见的价态为三价和六价。水环境中，六价铬多以 CrO_4^{2-}、$Cr_2O_7^{2-}$、$HCrO_4^-$ 三种离子形式存在。在通常情况下，水体中温度、酸碱度、硬度，以及氧化还原物质和有机物的存在及其多寡，会引起不同赋存形态的三价铬和六价铬之间的相互转化。

不同价态的铬，对不同的生物对象作用差别很大，这与其自身的价态及含量有关。通常认为六价铬的毒性比三价铬的高 100 倍，六价铬也更容易为人体吸收，并在人体内蓄积，因而给人体带来更大的毒害威胁。因此，我国已把六价铬规定为实施总量控制的指标之一。相比而言，三价铬对鱼类等水生生物具有毒害作用，且毒性大于六价铬。

因此，开展水体中铬的检测分析，对于关注和维护水生态环境安全与人体健康具有重要意义。本实验分别通过二苯碳酰二肼分光光度法测定水中的六价铬，通过硫酸亚铁铵滴定法测定总铬。

一、水中六价铬和总铬的测定(分光光度法)

(一)实验目的

(1) 掌握六价铬和总铬的分光光度法测定原理和方法步骤。

(2) 了解不同水样的干扰因素，明确消除干扰的手段方式。

(二)实验原理

在酸性溶液中，六价铬与二苯碳酰二肼反应，生成紫红色化合物，其最大吸收波长为 540 nm，所得吸光度与目标物浓度成正比，符合朗伯-比尔定律。

总铬的测定是使用高锰酸钾将三价铬氧化成为六价铬，再用二苯碳酰二肼分光光度法测定，该方法适用于总铬质量浓度不超过 1 mg/L 的水样。当铬的含量较高(总铬质量浓度大于 1 mg/L)时，可以采用按比例稀释水样的方式，或者采用硫酸亚铁铵滴定的方法。

(三)实验器材与试剂

1. 主要器材

(1) 分光光度计(10 mm 光程、30 mm 光程比色皿)。

(2) 电子天平。

(3) 烘箱。

(4) 电热炉。

(5) 容量瓶：50 mL、100 mL、500 mL、1000 mL。

(6) 具塞比色管：50 mL。

(7) 移液管：1 mL、2 mL、5 mL、10 mL。

(8) 滴管。

2. 主要试剂

除非另有说明，实验所用试剂均为分析纯，所用水均为新制备的去离子水。

(1) 丙酮。

(2) 硫酸(1+1)：按照硫酸与水的体积比1∶1混合均匀。

(3) 磷酸(1+1)：按照磷酸与水的体积比1∶1混合均匀。

(4) 氢氧化钠溶液(4 g/L)：称取1 g氢氧化钠,溶于500 mL新煮沸冷却的蒸馏水中。

(5) 氢氧化锌共沉淀试剂。

① 硫酸锌溶液(8 g/L)：称取七水合硫酸锌($ZnSO_4 \cdot 7H_2O$)8 g,溶解于100 mL水中。

② 氢氧化钠溶液(20 g/L)：称取2.4 g氢氧化钠,溶解于120 mL水中。

将上述①②溶液混合并摇匀。

(6) 高锰酸钾溶液(40 g/L)：称取高锰酸钾40 g,溶解于水中,加热、搅拌、稀释定容到1000 mL。

(7) 铬标准贮备液：称取120℃下烘干2 h的重铬酸钾($K_2Cr_2O_7$,优级纯)0.2829 g,用水溶解后,转移到1 L容量瓶中,用水稀释到标线,摇匀。

该标准贮备液中每毫升含六价铬1.00 mg,使用此溶液须当天配制。

(8) 铬标准使用液：准确移取5.00 mL铬标准贮备液于500 mL容量瓶中,用水稀释至标线,摇动均匀。

该标准使用液中每毫升含六价铬1.00 μg,使用此溶液须当天配制。

(9) 尿素溶液(200 g/L)：称取20 g尿素[$CO(NH_2)_2$],溶解于100 mL水中。

(10) 硝酸。

(11) 三氯甲烷。

(12) 亚硝酸钠(20 g/L)：称取2 g亚硝酸钠($NaNO_2$),溶解于100 mL水中。

(13) 氢氧化铵(1+1)：将氨水与水按体积比1∶1混合均匀。

(14) 铜铁试剂(50 g/L)：称取5 g铜铁试剂[$C_6H_5N(NO)ONH_4$],溶解于100 mL水中,此溶液须现用现配。

显色剂(A)：称取0.2 g二苯碳酰二肼($C_{13}H_{14}N_4O$),溶解于50 mL丙酮,用水稀释定容到100 mL棕色容量瓶中,在冰箱中保存备用。如果显色剂颜色变深,则需重新配制使用。

显色剂(B)：称取1 g二苯碳酰二肼($C_{13}H_{14}N_4O$),溶解于50 mL丙酮,用水稀释定容到100 mL棕色容量瓶中,在冰箱中保存备用。如果显色剂颜色变深,需重新配制使用。

(四) 实验步骤

1. 样品的采集与保存

(1) 六价铬水样：实验室分析的样品需用玻璃瓶采集。采集所得水样需要加入氢氧化钠调节pH值大致为8,同时需要尽快检测；如需放置,时长不超过24 h。

(2) 总铬水样：样品的采集同样需要利用玻璃瓶。采集所得样品需要加入硝酸调节pH值小于2。所得样品需尽快检测,如需放置,时长不超过24 h。

2. 水样的预处理

1) 六价铬水样的预处理

(1) 相对清洁的,不含有悬浮物,色度低的地表水样,可以直接检测。

(2) 当水样有颜色但并不太深时,可以另取一份水样,在其他试剂相同的前提下,用2 mL丙酮代替显色剂,开展检测分析。测试结束后,用该溶液作为待测水样的吸光度参比。

（3）对浑浊的、色度较深的水样，可以移取适量（六价铬含量小于 100 μg）水样于 150 mL 烧杯中，加水至 50 mL，滴加 4 g/L 氢氧化钠溶液，调节 pH 值为 7～8；在搅拌过程中，滴加氢氧化锌沉淀试剂，至 pH 值为 8～9；将该溶液转移到 100 mL 容量瓶中，用水稀释定容。用慢速滤纸过滤，弃去 10～20 mL 初滤液，取其中所得滤的 50 mL 检测分析。

（4）水样中存在亚铁、亚硫酸盐、硫代硫酸盐等还原性物质时，可以取适量水样（六价铬小于 50 μg）于 50 mL 具塞比色管中，用水稀释定容至标线。滴加 4 mL 显色剂（B），摇匀、静置 5 min；滴加 1 mL 硫酸（1+1）溶液，摇匀、静置 5～10 min，在 540 nm 波长处，用 10 mm 或者 30 mm 比色皿，用水作为参比溶液，测定吸光度。

（5）水样中存在次氯酸盐等氧化性物质时，取适量水样（六价铬小于 50 μg）于 50 mL 具塞比色管中，用水稀释定容至标线。滴加 0.5 mL 硫酸（1+1）溶液、0.5 mL 磷酸（1+1）溶液、1 mL 尿素溶液，混合摇匀。逐滴滴加 1 mL 亚硝酸钠溶液，边滴边摇动，从而去除亚硝酸钠与尿素反应产生的气泡，而后测定吸光度。

2）总铬水样的预处理

（1）相对清洁的一般地表水，可以将水样用高锰酸钾氧化处理后直接进行检测。

（2）含有大量有机物的水样需要消解处理：移取 50 mL 或适量（铬含量小于 50 μg）水样，置于 100 mL 烧杯中，加入 5 mL 硝酸、3 mL 硫酸，蒸发至冒白烟。如果溶液仍有色，则再滴加 5 mL 硝酸，重复上述过程，直至溶液澄清。待溶液冷却后，用水稀释至 10 mL，用氢氧化铵（1+1）溶液调节 pH 值至 1～2，转移到 50 mL 容量瓶中，用水稀释、定容、摇匀、备测。

（3）样品中高含量钼、钒、铁、铜的去除：移取 50 mL 或适量（铬含量小于 50 μg，用水调节体积至 50 mL）水样，置于 100 mL 分液漏斗中，用氢氧化铵（1+1）溶液调节 pH 至中性，加入 3 mL 硫酸（1+1）溶液。

溶液经冰水冷却后，加入 5 mL 铜铁试剂，振摇 1 min，然后在冰水中静置 2 min。用三氯甲烷萃取三次，每次用 5 mL，弃去三氯甲烷层溶液。

将水相溶液转移到锥形瓶中，用少量水洗涤分液漏斗，洗涤液并入锥形瓶中。加热煮沸，使得水相中三氯甲烷挥发后，再按照（2）中去除有机物，以及后续的（4）中高锰酸钾氧化三价铬的步骤依次处理。

（4）水样中三价铬的氧化：移取 50 mL 或适量（铬含量小于 50 μg，用水调节体积至 50 mL）预处理后的水样，置于 150 mL 锥形瓶中，滴加氢氧化铵（1+1）溶液或者硫酸（1+1）溶液，调节水样至中性。

加入几粒玻璃珠，分别加入 0.5 mL 硫酸（1+1）溶液、0.5 mL 磷酸（1+1）溶液，摇动均匀。加入 2 滴高锰酸钾溶液（40 g/L），如果紫色消退，则继续滴加高锰酸钾溶液，保持溶液紫色。

加热煮沸至溶液体积约为 20 mL。待冷却后，加入 1 mL 尿素（200 g/L）溶液，摇匀。滴管逐滴加入亚硝酸钠溶液（20 g/L），每加一滴充分摇匀，至溶液紫色刚好消退。稍停片刻待溶液内气泡逸尽，转移入 50 mL 具塞比色管中，稀释、定容至标线，备测。

3. 标准曲线的绘制

取一组 50 mL 具塞比色管，分别向其中加入 0 mL、0.20 mL、0.50 mL、1.00 mL、2.00 mL、4.00 mL、6.00 mL、8.00 mL、10.00 mL 的铬标准使用液，用水稀释、定容至

标线。

每支具塞比色管中,分别加入 0.5 mL 硫酸(1+1)溶液、0.5 mL 磷酸(1+1)溶液,摇动均匀;分别加入 2 mL 显色剂(A)溶液,摇动均匀。

静置 10 min,于 540 nm 波长处,用 10 mm 光程或 30 mm 光程比色皿,以水作为参比溶液,测定吸光度并做空白矫正。

以铬含量-吸光度为横-纵坐标,绘制六价铬(或者总铬)的标准曲线。

4. 水样的测定

取适量无色透明或(六价铬或总铬含量小于 50 μg)经预处理过的水样,置于 50 mL 具塞比色管中,用水稀释至标线,加入 0.5 mL 硫酸(1+1)溶液、0.5 mL 磷酸(1+1)溶液、摇动均匀;分别加入 2 mL 显色剂(A)溶液,摇动均匀。

静置 10 min,于 540 nm 波长处,用 10 mm 光程或 30 mm 光程比色皿,以水作为参比溶液,测定吸光度并做空白校正。根据结果,从校准曲线上查得相应的铬含量。

(五)实验结果分析

铬质量浓度的计算:

$$\rho = \frac{m}{V}$$

式中:ρ——铬质量浓度,mg/L;

$\quad\ m$——标准曲线上查得的铬的质量,μg;

$\quad\ V$——水样的体积,mL。

(六)注意事项

(1) 实验中所用玻璃器材不能用重铬酸钾溶液洗涤,避免器皿内壁被铬污染。玻璃器材可以用硝酸、硫酸的混合溶液或者洗涤剂等清洗。

(2) 六价铬与二苯碳酰二肼发生显色反应时,酸度一般控制在 0.05~0.3 mol/L(1/2 H_2SO_4),其中 0.2 mol/L 时显色最好。显色前,水样应调节至中性。温度和时间对显色均有影响,在 15℃、5~15 min 时,颜色即可稳定。

(3) 如果测定清洁的地表水样,显色剂的配制如下:称取 0.20 g 二苯碳酰二肼,溶解于 100 mL 的 95% 乙醇中,持续搅拌过程中,加入 400 mL 硫酸(1+9)溶液。此溶液可在冰箱中保存备用 1 个月。

用此溶液显色时,可直接加入 2.5 mL,不必再加酸溶液。需要注意的是:加入该显色溶液后,要立即摇动均匀,防止六价铬被乙醇还原。

(七)总结与思考

(1) 结合方法原理和实验操作体验,根据个人情况总结实验的注意要点。

(2) 用二苯碳酰二肼分光光度法测定总铬与六价铬有哪些异同?

(3) 水体中干扰铬的准确测定的因素有哪些?怎样消除干扰?

二、水中总铬的测定(硫酸亚铁铵滴定法)

铬的污染来源众多,主要是来源于含铬矿石加工选冶、金属表面处理、皮革鞣制、电镀印染等。水体中总铬的测定,可以采用二苯碳酰二肼分光光度法、原子吸收分光光度法、等离子发射光谱法和滴定法等。相对清洁的地表水样,可以直接采用二苯碳酰二肼分光光度法

（用高锰酸钾将三价铬氧化成为六价铬）。当水样中铬含量较高（总铬质量浓度大于 1 mg/L）时，可以采用硫酸亚铁铵滴定法。

（一）实验目的

（1）掌握硫酸亚铁铵滴定法测定水中总铬的方法原理和流程。

（2）了解并熟悉实验的相关过程、现象和操作要点细节。

（二）实验原理

在酸性溶液中，以银盐作为催化剂，用过硫酸铵将三价铬氧化成六价铬。加入少量的氯化钠，将溶液煮沸，从而去除过量的过硫酸铵，以及反应过程中产生的氯气。以苯基代邻氨基苯甲酸作为指示剂，用硫酸亚铁铵溶液滴定，使得六价铬还原为三价铬，溶液呈现绿色作为滴定终点。根据滴定过程中硫酸亚铁铵溶液的消耗量，计算水样中总铬的含量。

（三）实验器材与试剂

1. 主要器材

（1）分析天平。

（2）电热炉。

（3）酸碱滴定管：50 mL。

（4）容量瓶：100 mL、250 mL、1000 mL。

（5）移液管：1 mL、5 mL。

（6）量筒：50 mL。

（7）滴管。

（8）锥形瓶：500 mL。

2. 主要试剂

除非另有说明，实验所用试剂均为分析纯，所用水均为新制备的去离子水。

（1）硫酸溶液（体积比 1∶19）：移取 50 mL 硫酸，缓慢加入 950 mL 水中，边加边搅拌，摇动均匀。

（2）硫酸-磷酸混合溶液：移取 150 mL 硫酸，缓慢加到 700 mL 水中，待溶液放置冷却后，加入 150 mL 磷酸，摇动均匀。

（3）过硫酸铵溶液（250 g/L）：称取 25 g 过硫酸铵，溶解于水中，稀释并定容到 100 mL，此溶液须现用现配。

（4）重铬酸钾标准溶液（1/6 $K_2Cr_2O_7$，0.0100 mol/L）：准确称取 0.4903 g 重铬酸钾（$K_2Cr_2O_7$，优级纯；120℃下干燥 2 h），用水溶解于 1000 mL 容量瓶中，加水稀释并定容至标线，摇动均匀。

（5）硫酸亚铁铵标准滴定溶液：准确称取 3.95 g 六水合硫酸亚铁铵〔$(NH_4)_2Fe(SO_4)_2 \cdot 6H_2O$〕，用 500 mL 硫酸（体积比 1∶19）溶液溶解，然后将溶液过滤到 2000 mL 容量瓶中，用硫酸（体积比 1∶19）溶液稀释并定容至标线。

临用前，用重铬酸钾标准溶液标定。

标定过程：移取 25.00 mL 重铬酸钾标准溶液，置于 500 mL 锥形瓶中，用水稀释到 200 mL。加入 20 mL 硫酸-磷酸的混合溶液，用硫酸亚铁铵标准滴定溶液滴定至淡黄色。加入 3 滴苯基代邻氨基苯甲酸指示剂溶液，继续滴定至溶液由红色突变为亮绿色作为滴定终点。

硫酸亚铁铵标准滴定溶液的浓度计算：

$$C = 0.0100 \times \frac{25.00}{V_0}$$

式中：C——硫酸亚铁铵标准滴定溶液摩尔浓度，mol/L；

V_0——硫酸亚铁铵标准滴定溶液的消耗体积，mL。

（6）硫酸锰溶液（10 g/L）：称取 1 g 二水合硫酸锰（$MnSO_4 \cdot 2H_2O$），溶解于 100 mL 水中。

（7）硝酸银溶液（5 g/L）：称取 0.5 g 硝酸银，溶解于 100 mL 水中。

（8）碳酸钠溶液（5 g/L）：称取 0.5 g 碳酸钠，溶解于 100 mL 水中。

（9）氢氧化铵溶液：将氢氧化铵与水，按体积比 1:1 混合均匀。

（10）氯化钠溶液（10 g/L）：称取 1 g 氯化钠溶解于 100 mL 水中。

（11）苯基代邻氨基苯甲酸指示剂溶液：称取苯基代邻氨基苯甲酸 0.27 g，溶解于 5 mL 的碳酸钠溶液（5 g/L）中，用水稀释到 250 mL。

（四）实验步骤

1. 水样的处理

移取适量水样于 150 mL 烧杯中，经过酸的消解处理后，转移到 500 mL 锥形瓶中（清澈无色的水样，可以直接适量转移到 500 mL 锥形瓶中）。用氢氧化铵溶液调节溶液 pH 值为 1~2。在锥形瓶中依次加入 20 mL 硫酸和磷酸的混合溶液、1~3 滴硝酸银溶液、0.5 mL 硫酸锰溶液、25 mL 过硫酸铵溶液，摇动均匀；加入若干粒玻璃珠，加热至出现高锰酸盐的紫红色，继续煮沸 10 min。

2. 水样的滴定

煮沸溶液，稍冷却后，加入 5 mL 氯化钠溶液，继续加热至微沸，保持 10~15 min，确保氯气逸出完全。

将锥形瓶取下并迅速冷却，用水洗涤内壁并稀释至 250 mL。加入 3 滴苯基代邻氨基苯甲酸指示剂溶液，用硫酸亚铁铵溶液滴定，至溶液由红色突变为亮绿色，停止滴定，记录硫酸亚铁铵溶液耗用的体积 V_1。相同的步骤，用同体积的纯水代替水样开展空白试验，记录硫酸亚铁铵溶液消耗的体积 V_2。

（五）实验结果分析

总铬质量浓度的计算：

$$\rho_{cr} = \frac{V_1 - V_2}{V_3} \times C \times 17.332 \times 1000$$

式中：ρ_{cr}——总铬质量浓度，mg/L；

V_1——滴定水样时，硫酸亚铁铵溶液的消耗量，mL；

V_2——滴定空白样品时，硫酸亚铁铵溶液的消耗量，mL；

V_3——水样的体积，mL；

C——硫酸亚铁铵标准滴定溶液的摩尔浓度，mol/L；

17.332——1/3Cr 的摩尔质量，g/mol。

（六）注意事项

（1）水样的加热煮沸处理过程中，如煮沸时间不够，水样中过量的过硫酸铵及氯气会残留，从而导致实验结果偏高；相反，如果煮沸时间过长，则溶液体积变小，溶液酸度偏高，会使得六价铬还原为三价铬，从而导致实验结果偏低。

（2）在水样和空白溶液的分析过程中，苯基代邻氨基苯甲酸指示剂溶液的加入量要保持一致。

（七）归纳与思考

（1）结合方法原理和实验操作体验，归纳硫酸亚铁铵滴定法测定水中总铬的重点环节和细节现象。

（2）如果水样中存在干扰性的因素，应该如何消除干扰？

（3）对比硫酸亚铁铵滴定法与二苯碳酰二肼分光光度法对水样中铬的形态转变的处理方式上的异同。

实验四 废水中砷的测定

砷是一种广泛分布于自然界的非金属元素。砷是人体的非必需元素,砷及其化合物具有毒性,所以当人体砷摄入量过多,会造成砷中毒。一般来说,无机砷比有机砷的毒性大,三价砷比五价砷的毒性大。砷的氧化物(如三氧化二砷)和盐类绝大部分具有高毒属性,而砷化氢则属剧毒物质,是目前已知的砷化合物中毒性最大的一种。过量的砷会干扰细胞的正常代谢,影响呼吸和氧化过程,使细胞发生病变。砷还可直接损伤小动脉和毛细血管壁,并作用于血管舒缩中枢,导致血管渗透性增加,引起血容量降低,加重脏器损害。三氧化二砷和五氧化二砷对眼睛、上呼吸道和皮肤均有刺激作用。

通常情况下,土壤、水、空气、植物和人体中都含有微量的砷,但不会对人体产生危害。由于地理地质和水源地以及污染源等多种因素的影响,地表水体中砷的含量会有显著的差异。各类源于采矿、选冶、化工、制药、印染纺织、皮革、电镀等行业排放的废水中,砷的含量相对会高,而且会直接或者间接地污染各类水体,从而给水、土、动植物等带来危害。因此,我国对废水中砷实施排放总量的控制,同时也有必要对天然水体开展砷的含量监测。

一、实验目的

(1)掌握废水中砷含量的测定方法原理和实验操作环节。

(2)清楚正确开展实验的操作方式,明确实验安全保证的事项细节。

二、实验原理

天然水体和废水中砷的含量测定,主要包括新银盐分光光度法和二乙基二硫代氨基甲酸银分光光度法,两种方法的工作原理基本相同。其中,新银盐分光光度法测定的速度快、相对灵敏度高(检出限 0.0004 mg/L,检测上限 0.012 mg/L),适合于天然水体以及轻度污染的水体中砷的含量测定。相对应地,二乙基二硫代氨基甲酸银分光光度法作为一种经典的测试方法,则更加适用于砷含量较高的(检出限 0.007 mg/L,检测上限 0.50 mg/L)废水和受污染的各类天然水体。

本次实验以二乙基二硫代氨基甲酸银分光光度法测定废水中砷的含量,利用的是在酸性条件下,锌可以与之发生反应,生成新的氢。在碘化钾和氯化亚锡存在的情况下,能够将五价砷还原为三价砷。与此同时,生成的三价砷被新生成的氢还原为气态的砷化氢(胂)。利用二乙基二硫代氨基甲酸银-三乙醇胺的三氯甲烷溶液吸收之前生成的砷化氢气体,从而产生红色的胶体银。在 510 nm 波长处,比色法测定吸收液的吸光度,则能计算出水体中砷的实际含量。

三、实验器材与试剂

1. 主要器材

(1)分析天平。

(2)分光光度计(10 mm 光程比色皿)。

(3)砷化氢发生装置:组装部件包括磨口锥形瓶(150 mL)、导气管(一端有磨口接头,有内装乙酸铅棉花的球形泡;另一端被拉制成毛细管,管口直径不大于 1 mm)、吸收管(内径为 8 mm 的试管,至少可以装存 8~10 cm 的吸收液柱,管壁带有 5.0 mL 的刻度标线)。

砷化氢发生与吸收装置部件组成如图 4-1 所示。

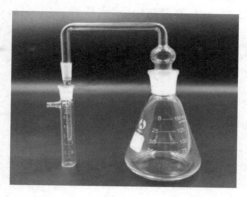

图　4-1

(4) 烘箱。

(5) 具塞比色管:50 mL。

(6) 聚乙烯瓶:100 mL。

(7) 容量瓶:100 mL、1000 mL。

(8) 量筒:25 mL、50 mL。

(9) 移液管:2 mL、5 mL、10 mL、25 mL、50 mL。

(10) 滴管。

2. 主要试剂

除非另有说明,实验中所用试剂均为分析纯。

(1) 硫酸溶液($1/2H_2SO_4$):2 mol/L。

(2) 氢氧化钠溶液:2 mol/L,须在聚乙烯瓶中贮存、备用。

(3) 碘化钾溶液(150 g/L):称取 15 g 碘化钾(KI),于蒸馏水中溶解,转移到 100 mL 棕色容量瓶中,用水稀释、定容至标线,备用。

(4) 氯化亚锡溶液(400 g/L):称取 40 g 二水合氯化亚锡($SnCl_2 \cdot 2H_2O$)溶解于 40 mL 浓盐酸中。将其微加热,待溶液澄清后,转移到 100 mL 容量瓶中,用水稀释、定容至标线。加入几颗金属锡粒保存,备用。

(5) 硫酸铜溶液(150 g/L):称取 15 g 五水硫酸铜($CuSO_4 \cdot 5H_2O$),溶解于水中,转移到 100 mL 容量瓶中,用水稀释、定容至标线。

(6) 乙酸铅溶液(80 g/L):称取 8 g 三水合乙酸铅[$Pb(CH_3COO)_2 \cdot 3H_2O$],溶解于水中,转移到 100 mL 容量瓶中,用水稀释、定容至标线。

(7) 乙酸铅棉花:称取 10 g 脱脂棉浸润到 100 mL 乙酸铅溶液中,浸泡通透后将其取出并风干,备用。

(8) 砷化氢吸收液:称取 0.25 g 二乙基二硫代氨基甲酸银,用少量三氯甲烷溶解成糊状。加入 2 mL 三乙醇胺试剂,然后用三氯甲烷稀释到 100 mL。用力振荡使之尽量溶解,于暗处静置 24 h。将静置后的溶液倾出上清液(或者用定性滤纸将静置溶液过滤),转移到

100 mL 棕色容量瓶中，在 4℃下密封并避光保存、备用。

（9）砷标准溶液（100 mg/L）：准确称取 0.1320 g 三氧化二砷（提前在烘箱中 110℃下干燥 2 h），溶解到已配制的 5 mL 氢氧化钠溶液中，均匀搅拌至完全溶解后，加入 10 mL 已配制的硫酸溶液；转移到 1000 mL 容量瓶中，用水稀释、定容至标线，备用。

（10）砷标准使用液（1 mg/L）：准确移取 10 mL 砷标准溶液，置于 1000 mL 容量瓶中，用水稀释、定容至标线，备用。此标准使用液，需要现用现配。

四、实验步骤

1. 样品的采集和预处理

采集所得水样，除了相对清洁的地表水等，可以直接进行取样分析。通常需要对水样进行预处理，具体步骤如下：

移取 50 mL（或者根据实际情况，取适量体积）水样，置于砷化氢发生器中，分别加入 4 mL 浓硫酸、5 mL 浓硝酸，然后在通风橱中加热消解至产生白色烟雾。

如果消解后溶液不澄清，需再加入 5 mL 浓硝酸，继续加热产生白色烟雾，直至溶液澄清（其中可能会存在少量乳白色或者淡黄色酸不溶解物质）。

消解结束，待溶液冷却后，小心加入 25 mL 蒸馏水，再加热至产生白色烟雾，直至将硝酸除尽。结束加热，待溶液冷却后，加水稀释至 50 mL，待测备用。

2. 水样的测定

（1）在砷化氢发生器中分别加入 4 mL 碘化钾溶液和 2 mL 氯化亚锡溶液，混合摇匀，静置 15 min。其中，对于未经酸化消解预处理的水样，应当先加入 4 mL 浓硫酸，再进行本操作。

（2）移取 5 mL 吸收液，置于干燥的吸收管中，插入导气管。向砷化氢发生器中加入 1 mL 硫酸铜溶液、4 g 无砷的金属锌粒，并立即将导气管与发生器瓶连接好，保证发生器密闭不漏气。

（3）室温下，保证持续反应 1 h，使砷化氢释放完全。加入三氯甲烷，将吸收液的体积补充到 5 mL。

（4）用 10 mm 光程比色皿，以三氯甲烷作为参比溶液，在 510 nm 波长处，测定吸收液的吸光度，通过空白校正得到真实吸光度，然后结合校准曲线，查得水样中的砷含量，进而计算出水样中砷的实际浓度。

3. 校准曲线的绘制

在 8 个砷化氢发生器中，分别加入 0 mL、1.00 mL、2.50 mL、5.00 mL、10.00 mL、15.00 mL、20.00 mL、25.00 mL 的砷标准使用液，用水稀释到 50 mL。

上述砷化氢发生器中，分别加入 4 mL 浓硫酸，再依次按照第一部分"水样的处理"步骤，完成相关操作过程。

以减去参比空白所得校正后标准溶液吸光度值为纵坐标，各个标准溶液中对应的砷含量为横坐标，以此绘制得到标准溶液的校准曲线。另外，曲线需要在每次使用试剂时绘制一次。

五、实验结果分析

目标水样中砷的质量浓度计算：

$$C_{As} = \frac{m}{V}$$

式中：C_{As}——砷的质量浓度，mg/L；

　　　m——根据校准曲线查得的水样中砷的质量，μg；

　　　V——水样的取用体积，mL。

六、注意事项

(1) 实验操作须在通风橱中进行。砷有剧毒，在含砷溶液的配制和使用过程中，务必小心注意，避免沾染接触，严防入口，并同时做好个人防护。

(2) 反应器中砷化氢释放完全后，吸收液中红色生成物在 2.5 h 内稳定有效，溶液吸光度的测定应在该有效时段内完成操作。

(3) 水样中如果存在硫化物会对测定有干扰，可以通过乙酸铅棉花去除。当棉花变黑时，应当及时更换。

(4) 吸收液中三氯甲烷的沸点较低，容易造成损失、影响砷化氢的吸收。因此，当室温较高时，应设法降低发生器和吸收管的温度，并且适当补充三氯甲烷，保证吸收液柱的高度不变。

(5) 发生器中所加锌粒，规格以 0.85～2.0 mm 为宜。如果锌粒较大，应当适当增加其用量，从而保证砷的有效还原效率。

七、讨论与思考

(1) 如何在实验操作过程中，确保目标水样中砷的有效还原？

(2) 砷及其化合物有毒，如何在实验操作的全过程确保个人安全并顺利高效地完成各步骤？

　　铅是人类较早提炼出来的金属,广泛地应用于蓄电池、电缆和汽油等的生产,以及颜料、玻璃、塑料、橡胶等材料的制造。铅对人体健康具有严重损害和重大潜在威胁。人体中理想的含铅量为零,但是在日常生活中,人们会通过摄取食物、饮用自来水等方式把铅带入人体,人体存在的铅90％积存在骨骼,10％则会随着血液循环流动分布到全身各组织以及器官。人体中铅的存在,会影响血红细胞、脑、肾、神经系统的功能,特别是婴幼儿吸收铅后,将有超过30％的铅蓄积在体内,影响并危害婴幼儿的正常生长和智力发育。因此,我国把铅作为一个实施排放总量约束的指标加以严格控制。

一、实验目的

　　(1) 掌握双硫腙(二硫腙)分光光度法测定水样中铅的原理和步骤流程。

　　(2) 熟悉影响测定的主要因素,掌握消除干扰的对应实验手段。

二、实验原理

　　水体中金属元素铅的测定方法主要包括双硫腙分光光度法、火焰原子吸收分光光度法、萃取火焰原子吸收法、在线富集流动注射法、石墨炉原子吸收法、阳极溶出伏安法、示波极谱法、电感耦合等离子体-原子发射光谱法等。本次实验以双硫腙分光光度法测定水样中的铅含量。在 pH 值为 8.5～9.5 的氨性柠檬酸盐-氰化物的还原性介质中,铅与双硫腙形成可被三氯甲烷萃取的淡红色的双硫腙铅螯合物,萃取的三氯甲烷溶液在 510 nm 波长处测量吸光度,根据校准曲线得到铅的含量,进而计算出水样中铅的实际浓度。

三、实验器材与试剂

　　1. 主要器材

　　(1) 分析天平。

　　(2) 分光光度计(10 mm 光程比色皿)。

　　(3) pH 计。

　　(4) 冰箱。

　　(5) 分液漏斗:150 mL、250 mL。

　　(6) 容量瓶:50 mL、100 mL、250 mL、1000 mL。

　　(7) 移液管:1 mL、2 mL、5 mL、10 mL、15 mL。

　　(8) 滴管。

　　2. 主要试剂

　　除非另有说明,实验中所用试剂均为分析纯,操作中所用水均为新制备的去离子水。

　　(1) 三氯甲烷。

　　(2) 高氯酸:优级纯。

　　(3) 浓硝酸。

　　(4) 硝酸溶液(体积比 1:4):移取 200 mL 浓硝酸,置于 1000 mL 容量瓶中,用水稀释、定容至标线,保存备用。

(5) 硝酸溶液(体积分数 0.2%):移取 2 mL 浓硝酸,置于 1000 mL 容量瓶中,用水稀释、定容至标线,保存备用。

(6) 盐酸溶液(0.5 mol/L):移取 42 mL 浓盐酸,置于 1000 mL 容量瓶中,用水稀释、定容至标线,保存备用。

(7) 氨水溶液(体积比 1∶9):移取 10 mL 氨水,置于 100 mL 容量瓶中,用水稀释、定容至标线,保存备用。

(8) 氨水溶液(体积比 1∶100):移取 10 mL 氨水,置于 1000 mL 容量瓶中,用水稀释、定容至标线,保存备用。

(9) 柠檬酸盐-氰化钾还原性溶液:分别称取 400 g 柠檬酸氢二铵 $[(NH_4)_2HC_6H_5O_7]$、20 g 无水亚硫酸钠(Na_2SO_3)、10 g 盐酸羟胺($NH_2OH \cdot HCl$)、40 g 氰化钾(KCN),溶解于适量水中,转移到 1000 mL 容量瓶中,用水稀释、定容至标线。将上述溶液混合入 2000 mL 浓氨水中。

氰化钾、柠檬酸盐-氰化钾溶液均有剧毒,绝对避免皮肤接触或入口。

(10) 亚硫酸钠溶液:称取 5 g 无水亚硫酸钠(Na_2SO_3),溶解于 1000 mL 新制备的无铅去离子水中,用水稀释、定容至标线。

(11) 碘溶液(0.05 mol/L):称取 40 g 碘化钾(KI),溶解于 25 mL 去离子水中;另外,称取 12.7 g 升华碘,加入其中,将溶液转移到 1000 mL 容量瓶中,用水稀释、定容至标线。

(12) 铅标准贮备液:准确称取 0.1599 g 硝酸铅[$Pb(NO_3)_2$](纯度不小于 99.5%),溶解于 200 mL 水,加入 10 mL 浓硝酸,转移到 1000 mL 容量瓶中,用水稀释、定容至标线。或者,准确称取 0.1000 g 纯金属铅(纯度不小于 99.5%),溶解于 20 mL 硝酸溶液(体积比 1∶1)中,转移到 1000 mL 容量瓶中,用水稀释、定容至标线。所得溶液每毫升含 100 μg 铅。

(13) 铅标准使用液:准确移取 20 mL 铅标准贮备液,置于 1000 mL 容量瓶中,用水稀释、定容到标线,摇动均匀,保存备用。此溶液每毫升含 2 μg 铅。

(14) 双硫腙贮备液:称取 100 mg 纯净的双硫腙($C_6H_5NNCSNHNHC_6H_5$),溶解于适量三氯甲烷当中,转移至 1000 mL 棕色容量瓶中,用三氯甲烷稀释、定容至标线。将溶液置于冰箱中冷藏保存,该溶液每毫升含 100 μg 双硫腙。

如果双硫腙试剂不纯,可称取 0.5 g 双硫腙,溶解于 100 mL 三氯甲烷中,用定量滤纸滤去不溶物。将滤液转移到分液漏斗中,每次用 20 mL 氨水(体积比 1∶100)提取 5 次,此时双硫腙进入水相,将水相合并,然后用盐酸(0.5 mol/L)将溶液中和。再用 250 mL 三氯甲烷分三次提取,将三氯甲烷有机相合并。将此双硫腙的三氯甲烷溶液转移到棕色瓶中保存,置于 4℃下保存、备用。

提纯所得的双硫腙三氯甲烷溶液,其准确浓度可按下述方法测定:取一定量的双硫腙三氯甲烷提纯溶液,置于 50 mL 容量瓶中,用三氯甲烷稀释、定容至标线。将溶液置于 10 mm 光程比色皿中,在 606 nm 波长处测量吸光度,将测得的吸光度除以摩尔吸光系数[4.06×10^4 L/(mol·cm)],即可求得双硫腙的准确浓度。

(15) 双硫腙工作溶液:移取 100 mL 双硫腙贮备液,置于 250 mL 容量瓶中,用三氯甲烷稀释、定容至标线。该溶液每毫升含 40 μg 双硫腙。

（16）双硫腙专用溶液：称取 250 mg 双硫腙，溶解于 250 mL 三氯甲烷中。该溶液不需要纯化，专门用于萃取提纯试剂，萃取的所有萃取液都将弃去。

四、实验步骤

1. 水样的采集与保存

采集所得水样，每 100 mL 水样中加入 2 mL 浓硝酸酸化溶液（pH 值约为 1.5）。向水样中加入 5 mL 的碘溶液（0.05 mol/L），用以避免挥发性有机铅化合物在水样处理和硝化过程中有损失。

2. 水样的预处理

除了不含悬浮物的地下水、清洁的地面水可直接测定外，其他的水样通常需要进行预处理。

（1）比较浑浊的地表水。

在每 100 mL 水样中加入 1 mL 的浓硝酸，置于电热板上加热至微沸，消解 10 min，待溶液冷却后，用快速滤纸过滤，滤纸用 0.2% 的硝酸溶液洗涤数次，然后用 0.2% 的硝酸溶液将水样稀释到一定体积，以备检测。

（2）含悬浮物或有机物较多的地表水。

在每 100 mL 水样中加入 5 mL 浓硝酸，置于电热板上加热，消解 10 min。待溶液冷却后，加入 5 mL 浓硝酸、2 mL 高氯酸，继续加热消解，蒸发至近干。

待溶液冷却后，用 0.2% 的硝酸溶液温热溶解残渣。同样，待溶液冷却后，用快速滤纸过滤，滤纸用 0.2% 的硝酸溶液洗涤数次，滤液用 0.2% 的硝酸溶液稀释、定容到一定体积，以备检测。每分析一批试样要平行操作两个空白试验。

3. 试样的测定

（1）显色萃取。

移取适量经过预处理的水样（含铅量不大于 30 μg，最大体积不大于 100 mL），置于 250 mL 分液漏斗中，分别在分液漏斗中加入 10 mL 硝酸溶液（体积比 1∶9）、50 mL 柠檬酸盐-氰化钾还原性溶液，塞好塞子，摇动均匀，待其冷却后，加入 10 mL 双硫腙工作溶液，塞好塞子，剧烈摇动 30 s，然后将溶液静置分层。

（2）测量吸光度。

在分液漏斗的颈管内塞入一小团无铅脱脂棉，然后放出下层有机相，弃去 1～2 mL 的三氯甲烷层后，再注入 10 mm 光程比色皿中，以三氯甲烷为空白参比溶液，在 510 nm 波长处，测量萃取液的吸光度。将测量所得的吸光度扣除空白吸光度得到有效吸光度，从校准曲线上查得铅的含量，然后根据公式计算出水样中铅的实际含量。

用无铅水代替水样，按照相同的操作测定空白。

4. 校准曲线的绘制

在一系列的 250 mL 分液漏斗中分别移取铅标准使用液 0 mL、0.50 mL、1.00 mL、5.00 mL、7.50 mL、10.00 mL、12.50 mL、15.00 mL，然后分别加入适量的无铅去离子水，将溶液体积补充至 100 mL。按照与水样相同的步骤显色萃取、测量吸光度。

根据所得的系列吸光度，扣除掉空白吸光度，得到有效吸光度，然后以吸光度为纵坐标，对应的铅含量为横坐标，绘制校准曲线。

五、实验结果分析

水样中铅的质量浓度计算:

$$C_{Pb} = \frac{m}{V}$$

式中:C_{Pb}——铅的质量浓度,mg/L;

　　　m——从校准曲线上查得的铅的质量,μg;

　　　V——被分析检测的水样体积,mL。

计算结果最多以两位有效数字表示。

六、注意事项

(1)实验中所用玻璃器材,在使用前均需用硝酸清洗,然后用自来水冲洗,再用无铅去离子水冲洗洗净。

(2)久置的三氯甲烷受到光和空气的作用,容易发生氧化导致双硫腙氧化,因此使用前需检查三氯甲烷质量,不合格的需重新蒸馏提纯,或者购置新试剂。

(3)污染水样的预处理过程中,严禁将高氯酸加到含有还原性有机物的热溶液中,只有预先用硝酸加热处理后才能加入高氯酸,否则会引起强烈爆炸。

(4)过量干扰物的消除:铋、锡、铊的双硫腙盐与双硫腙铅盐的最大吸收波长不同,在510 nm、465 nm 分别测量试样的吸光度,可以检查上述干扰是否存在。

从每个波长位置的试样吸光度中,扣除同一波长位置空白试验的吸光度,计算得到试样吸光度的校正值。计算 510 nm 处吸光度校正值与 465 nm 处吸光度校正值的比值。吸光度的校正值的比值对双硫腙铅盐为 2.08,而对双硫腙铋盐为 1.07。如果比值明显小于2.08,表明存在干扰,这时需另取 100 mL 水样重新加以处理。

对未经硝化的水样:向其中加入 5 mL 的 0.5% 亚硫酸钠溶液,用以还原残留的碘。根据需要,利用 pH 计,用 20% 的硝酸溶液或者氨水溶液(体积比 1∶9),将水样 pH 值调节到 2.5。

将水样转移到 250 mL 分液漏斗中,用双硫腙专用溶液至少萃取 3 次,每次用 10 mL 双硫腙专用溶液。或者每次用 20 mL 的三氯甲烷萃取,直至萃取到三氯甲烷呈明显的绿色,主要是用以除去双硫腙,其中水相留待后续测定。

(5)每次使用新的试剂均需检查校准曲线。

(6)实验中所用氰化钾及其还原性溶液有剧毒,因此必须做好个人防护,规范操作,确保安全,严防皮肤接触试剂或者入口。

七、讨论与思考

(1)为什么需要对实验中的器皿进行细致的硝酸浸泡清洁以及重复冲洗?

(2)对于非清洁的水样,为什么通常需要消解过后再开展后续的显色萃取和测定工作?

实验六　废水中氯化物的测定

氯化物在无机化学领域是指带负电的氯离子和其他元素带正电的阳离子结合而形成的盐类化合物。氯化物也可以说是氯与另一种元素或基团组成的化合物。天然水中氯化物以金属盐的形式存在。在江河湖泊及沼泽地区,氯离子含量一般较低。通常以氯化钠形式存在的氯化物,当含量超过 250 mg/L 时,将使相关水体具有咸味。

氯化物是水质污染指标之一。水源水流经含有氯化物的地层或在受到生活污水、工业废水及海水、海风的污染时,其氯化物含量都会增高。污水中常见的氯化物是指氯化钠($NaCl$)、氯化钾(KCl)、氯化镁($MgCl_2$)、氯化钙($CaCl_2$)等一些溶解度大的氯的化合物,其阴离子在水中以氯离子形式存在。在工业废水和生活污水中的氯化物含量较高,如不加治理直接排入江河,会破坏水体的自然生态平衡,使水质恶化,导致渔业生产、水产养殖和淡水资源的破坏,严重时还会污染地下水和饮用水源。水中氯化物浓度过高会对配水系统有腐蚀作用,会损害金属管道和构筑物。海水、盐湖及某些地下水中氯化物含量很高,如果有倒灌、渗透现象,或者将工业的高氯化物废水用于农业灌溉,则会使土壤发生盐化,妨碍植物生长,严重时导致土地的生产能力下降或丧失。

一、实验目的

(1) 熟悉水体中氯离子测定的原理、方法和步骤。

(2) 熟悉水样中干扰的消除方式手段,以及高浓含量水体的取样稀释要求。

二、实验原理

水体中氯化物的测定方法主要包括离子色谱法、硝酸银滴定法、硝酸汞滴定法、电位滴定法、电极流动法等。上述方法各具特点:离子色谱法简便快速;电位滴定法、电极流动法适用于有色废水或者浑浊的各类水体中氯化物的测定;硝酸银滴定法原理简明、操作简单、器材要求不高,适用于天然水体、生活污水和工业废水的测定;硝酸汞盐有剧毒,硝酸汞滴定法不作为推荐方法使用。本次实验选用简易的硝酸银滴定法测定目标水体中的氯化物含量。

实验以铬酸钾作为指示剂,在中性或者弱碱性的溶液中,用硝酸银溶液滴定水样中的氯化物。氯化银的溶解度小于铬酸银,因此氯离子会首先被完全沉淀出来,待氯化银沉淀完全后,溶液中过剩的银离子会与铬酸根反应,产生砖红色的铬酸银沉淀,以此作为氯离子的滴定终点。这里铬酸根离子的浓度与沉淀形成的快慢有关,因此必须加入足量的铬酸根指示剂。另外,稍微过量的硝酸银会与铬酸钾形成铬酸银沉淀,导致终点较难判断,因此实验需要以蒸馏水做空白滴定分析,以其作为色调一致的终点的判断参照。

三、实验器材与试剂

1. 主要器材

(1) 分析天平。

(2) 马弗炉。

(3) pH 计。

(4) 水浴锅。

(5) 滴定台：棕色酸式滴定管(50 mL)。

(6) 锥形瓶：250 mL。

(7) 容量瓶：50 mL、100 mL、1000 mL。

(8) 漏斗。

(9) 移液管：1 mL、10 mL、25 mL、50 mL。

(10) 滴管。

2. 主要试剂

除非另有说明，实验中所用试剂均为分析纯。

(1) 氯化钠标准溶液(0.0141 mol/L)：准确称取 8.24 g 氯化钠(基准级，500～600℃下加热 40～50 min)溶解于水中，转移到 1000 mL 容量瓶中，用蒸馏水稀释、定容至标线。

准确移取 100 mL 上述配制溶液，置于 1000 mL 容量瓶中，用蒸馏水稀释、定容至标线，保存备用。

(2) 硝酸银标准溶液(0.0141 mol/L)：准确称取 2.395 g 硝酸银($AgNO_3$，110℃下烘干 1 h)溶解于蒸馏水中，稀释、定容至 1 L 棕色容量瓶中。临用前，用氯化钠标准溶液标定。

标定方法：准确移取 25 mL 氯化钠标准溶液，置于 250 mL 锥形瓶中，向锥形瓶中加入 25 mL 蒸馏水，加入 1 mL 铬酸钾指示剂，持续摇动过程中，用硝酸银标准溶液滴定至砖红色沉淀出现为止，记录硝酸银的消耗体积。

另外，移取 50 mL 蒸馏水置于另一锥形瓶中，加入铬酸钾溶液作为指示剂，用硝酸银标准溶液滴定做空白试验的测定。

$$C_{AgNO_3} = \frac{C_Z \cdot V_Z}{V_1 - V_0}$$

式中：C_{AgNO_3}——硝酸银标准溶液摩尔浓度，mol/L；

V_1——硝酸银标准溶液滴定氯化钠标准溶液的消耗体积，mL；

V_0——硝酸银标准溶液滴定空白试样时消耗氢氧化钠标准溶液的体积，mL；

C_Z——氯化钠标准溶液摩尔浓度，mol/L；

V_Z——氯化钠标准溶液体积，mL。

(3) 铬酸钾指示剂：称取 5 g 铬酸钾溶解于少量水中，滴加 $AgNO_3$ 溶液有砖红色沉淀产生，摇匀静置 12 h。将溶液过滤，转移、稀释、定容于 100 mL 容量瓶中。

(4) 酚酞指示剂：称取 0.5 g 酚酞溶解于 50 mL 的 95% 乙醇中，加 50 mL H_2O，滴加 0.05 mol/L 的氢氧化钠溶液使之呈现微红色。

(5) 高锰酸钾溶液：0.01 mol/L。

(6) 30% 过氧化氢(H_2O_2)。

(7) 硫酸溶液(0.05 mol/L $1/2H_2SO_4$)，即 0.025 mol/L H_2SO_4。

(8) 氢氧化钠溶液(2 g/L)：称取 0.2 g 氢氧化钠溶解于水中，稀释、定容至 100 mL 胶塞容量瓶中。

(9) 氢氧化铝悬浮液：称取 125 g 十二水合硫酸铝钾[$KAl(SO_4)_2 \cdot 12H_2O$]溶解于 1 L 水中，加热至 60℃，持续搅拌过程中，缓慢加入 55 mL 浓氨水，搅拌均匀，静置 1 h。将溶液转移到大的容器内,用倾斜法反复冲洗沉淀物,直到洗出液中不再含有氯离子,然后用水稀释至 300 mL。

四、实验步骤

1. 样品的采集与保存

从目标水体现场采集水样,盛存于清洁的玻璃瓶或者聚乙烯瓶中。如需保存,于 4℃下,密封、避光、冷藏,备用。

2. 水样的预处理

(1) 将采集所得水样带回实验室,用砂芯抽滤装置(水相滤膜)抽滤去除悬浮性杂质。

(2) 用 pH 计检测过滤后水样的酸碱度,如果 pH 值不在 6.5～10.5,则以酚酞做指示剂,用硫酸溶液或者氢氧化钠溶液调节 pH 值到 8.0 左右。

(3) 当水样有颜色或者有机物含量高时,移取 150 mL 水样(或者取适量体积水样稀释至 150 mL),置于 250 mL 锥形瓶中,加入 2 mL 氢氧化铝悬浮液,振荡后过滤(弃用前 20 mL 的初滤液)。

(4) 如果水样中含有硫化物、亚硫酸盐或者硫代硫酸盐,则加入氢氧化钠溶液,调节溶液至中性或弱碱性;再加入 1 mL 的 30% 过氧化氢,摇动均匀。静置 1 min 后,将溶液加热(70～80℃),用以去除过量的过氧化氢。

(5) 如果水样中高锰酸盐指数超过 15 mg/L,则向水样中加入少量的高锰酸钾晶体,将溶液煮沸,然后加入几滴乙醇(95%),用以除去过量的高锰酸钾,然后过滤得到澄清水样。

3. 试样的测定

准确取 50 mL 水样(氯化物浓度过高则按情况等比例稀释),以 50 mL 蒸馏水作为空白,分别置于 150 mL 锥形瓶中。加入 1 mL 铬酸钾指示剂,用标定过浓度的 $AgNO_3$ 标准溶液滴定,直至溶液中有砖红色沉淀初次产生作为滴定终点结束操作,记录硝酸银标准溶液的消耗体积。

五、实验结果分析

水样中氯化物含量按照下式计算,即

$$C_{Cl^-} = \frac{(V_2 - V_1) \times M \times 35.45 \times 1000}{V}$$

式中：C_{Cl^-}——水样中氯化物含量,mg/L;

$\qquad V_2$——硝酸银标准溶液滴定水样的用量,mL;

$\qquad V_1$——硝酸银标准溶液滴定空白的用量,mL;

$\qquad M$——硝酸银标准溶液摩尔浓度,mol/L;

$\qquad V$——水样体积,mL;

$\qquad 35.45$——氯离子摩尔质量,g/mol。

六、注意事项

(1) 对于矿化度很高的废水,或者氯化物含量高的海水,可通过下列方式扩大此方法的测定范围(表 6-1)。

① 提高硝酸银标准溶液的配制浓度,使其每毫升溶液可以滴定反应 2～5 mg 氯化物。

② 按照测定需要,对水样按比例稀释。

表 6-1 高矿化度废水与海水的稀释

质量浓度/(g/mL)	稀释度	取样量/mL
1.000～1.010	不稀释,取 50 mL 滴定	50
1.010～1.025	不稀释,取 25 mL 滴定	25
1.025～1.050	25 mL 稀释至 100 mL,取 50 mL 滴定	12.5
1.050～1.090	25 mL 稀释至 100 mL,取 25 mL 滴定	6.25
1.090～1.120	25 mL 稀释至 500 mL,取 25 mL 滴定	1.25
1.120～1.150	25 mL 稀释至 1000 mL,取 25 mL 滴定	0.625

(2) 应当注意将水样的 pH 值调节到 6.5～10.5,因为在酸性溶液中,铬酸根会发生反应,导致有效作用量下降;如果溶液碱性过强,则会导致阴离子以氧化银沉淀的形式析出。

(3) 铬酸钾溶液的浓度会影响滴定终点的迟或早到达。在 50～100 mL 溶液中,加入 1 mL 铬酸钾溶液。在滴定终点时,硝酸银加入量略过终点,误差不超过 0.1%,实验中可以用空白测定消除影响。

七、讨论与思考

(1) 对于有颜色且氯化物含量过高的水样,应该怎样进行测定前的预处理?

(2) 为什么要将水样的 pH 值控制在 6.5～10.5?

实验七　水中氟化物的测定

　　氟是自然界中广泛分布的元素之一,在天然水体以及污水废水中也广泛存在。作为人体所必需的一种微量元素,适度的痕量氟的存在,有利于维持身体健康。如果长期饮用的水中氟含量低于 0.5 mg/L,龋齿发病率会升高。相反,长期饮用氟含量超标的水,牙齿会逐渐产生斑点且变脆;当氟含量超过 4 mg/L 时,会引发氟骨病,导致骨骼畸形。水中氟的适宜含量为 0.5～1.0 mg/L。因此,分析监测自然水环境和各类水体中氟的含量,有助于了解氟含量对人体健康的潜在影响。

一、实验目的

　　(1) 掌握氟试剂分光光度法检测水中氟化物的基本原理和分析步骤。

　　(2) 了解影响本实验开展的干扰因素及消除方法。

二、实验原理

　　本实验采用氟试剂分光光度法测定水体中氟离子的含量。在 pH 值为 4.1 的乙酸盐缓冲介质溶液中,氟离子会与氟试剂和硝酸镧发生反应,生成蓝色的三元络合物,其颜色的强度与氟离子的浓度成正比。利用分光光度计在 620 nm 波长处测定吸光度,从而定量监测地表水、地下水和各类污水废水中(最低检出浓度为 0.05 mg/L,测定上限为 1.80 mg/L)的氟化物含量。

三、实验器材与试剂

1. 主要器材

　　(1) 紫外可见分光光度计(30 mm 光程比色皿)。

　　(2) 电子天平。

　　(3) pH 计。

　　(4) 电热板。

　　(5) 烘箱。

　　(6) 聚乙烯瓶。

　　(7) 容量瓶:25 mL、100 mL、500 mL、1000 mL。

　　(8) 移液管:2 mL、5 mL、10 mL、25 mL。

　　(9) 滴管。

2. 主要试剂

试剂配制过程中,所用水均为去离子水或者无氟蒸馏水。

　　(1) 盐酸溶液(1 mol/L):取 8.4 mL 盐酸溶于 100 mL 去离子水中。

　　(2) 氢氧化钠溶液(1 mol/L):称取 4 g 氢氧化钠溶于 100 mL 去离子水中。

　　(3) 氟化物标准贮备液:称取已于 105℃烘干 2 h 的优级纯氟化钠(NaF)0.2210 g 溶于去离子水中,移入 1000 mL 容量瓶中,稀释至标线,混匀贮于聚乙烯瓶中备用,此溶液每毫升含氟 100 μg。

（4）氟化物标准使用液：吸取氟化钠标准贮备液 20 mL，移入 1000 mL 容量瓶，用去离子水稀释至标线，贮于聚乙烯瓶中，此溶液每毫升含氟 2.00 μg。

（5）氟试剂溶液（0.001 mol/L）：称取 0.193 g 氟试剂［3-甲基胺-茜素-二乙酸，$C_{14}H_7O_4 \cdot CH_2N(CH_2COOH)_2$］，加入 5 mL 去离子水湿润，滴加氢氧化钠溶液使其溶解，再加入 0.125 g 三水合乙酸钠（$CH_3COONa \cdot 3H_2O$），用盐酸溶液调节 pH 值至 5.0，用去离子水稀释至 500 mL，贮于棕色瓶中。

（6）硝酸镧溶液（0.001 mol/L）：称取 0.443 g 六水合硝酸镧［$La(NO_3)_3 \cdot 6H_2O$］，用少量盐酸溶液溶解，以 1 mol/L 乙酸钠溶液调节 pH 值为 4.1，用去离子水稀释至 1000 mL。

（7）冰乙酸（CH_3COOH，分析纯）。

（8）缓冲溶液（pH=4.1）：称取 35 g 无水乙酸钠（CH_3COONa）溶于 800 mL 去离子水中，加入 75 mL 冰乙酸（CH_3COOH），用去离子水稀释至 1000 mL，用乙酸或氢氧化钠溶液调节 pH 值为 4.1。

（9）丙酮（CH_3COCH_3，分析纯）。

（10）混合显色剂：取氟试剂溶液、缓冲溶液、丙酮及硝酸镧溶液，按体积比=3∶1∶3∶3 混合，临用时配制。

（11）硫酸（H_2SO_4，$\rho=1.84$ g/mL）：取 300 mL 硫酸放入 500 mL 烧杯中，置电热板上微沸 1 h，冷却后装入瓶中备用。

四、实验步骤

1. 水样的采集、保存和预处理

（1）测定氟化物的目标水样，应采用聚乙烯瓶收集和贮存。

（2）含 5 μg 氟化物的 25 mL 显色液中，相关的离子含量在下列限值以下时，即：Cl^- 30 mg、SO_4^{2-} 5.0 mg、NO_3^- 3.0 mg、$B_2O_7^{2-}$ 2.0 mg、Mg^{2+} 2.0 mg、NH_4^+ 1.0 mg、Ca^{2+} 0.5 mg；PO_4^{2-} 200.0 mg、SiO_3^{2-} 100.0 mg、Cr^{6+} 40.0 mg、Cu^{2+} 10.0 mg、Pb^{2+} 10.0 mg、Mn^{2+} 10.0 mg、Hg^{2+} 5.0 mg、Ag^+ 5.0 mg、Zn^{2+} 5.0 mg、Fe^{3+} 2.5 mg、Al^{3+} 2.5 mg、Co^{2+} 2.5 mg、Ni^{2+} 2.5 mg、Mo^{6+} 2.5 mg，对测定均不会发生干扰。

（3）如果干扰离子含量超过了相关限值，可以通过蒸馏的方式开展预处理。

蒸馏装置器材：三口烧瓶（500 mL、1000 mL）、安全管、250℃温度计、冷凝管、接收瓶、万能电炉、水蒸气导管、止水螺栓。

取 20 mL 水样注入 500 mL 蒸馏瓶中，持续缓慢摇匀过程中，加入 20 mL 浓硫酸。开始缓慢升温，至温度达到 145℃时导入水蒸气，以每分钟 6～7 mL 馏出速度收集蒸馏液至 200 mL，留待显色使用。

如果水样的酸碱性较强，在测定前应用 1 mol/L 氢氧化钠溶液或 1 mol/L 盐酸溶液调至中性后再进行测定。另外，蒸馏温度应严格控制在（145±5）℃，否则硫酸将被蒸出，影响测定结果。

2. 校准曲线的绘制

在 6 个 25 mL 容量瓶中，分别加入氟化物标准使用液 0 mL、1.00 mL、2.00 mL、4.00 mL、6.00 mL、8.00 mL，用去离子水稀释至 10 mL；分别准确加入 10.0 mL 混合显色剂，用去离子水稀释至刻度，摇匀，放置 30 min。

用 30 mm 光程比色皿于 620 nm 波长处,以纯水为空白参比溶液,测定吸光度。

扣除试剂空白(零浓度)吸光度,以氟化物含量对吸光度作图,即得校准曲线。

3. 水样的测定

分别准确移取 1.00～10.00 mL 的水样,置于 25 mL 容量瓶中,准确加入 10.0 mL 混合显色剂,用去离子水稀释至刻度,摇匀。用 30 mm 光程比色皿于 620 nm 波长处,以纯水为空白参比溶液,测定吸光度。

经空白校正后,由吸光度值通过校准曲线,对应查得水样中的氟化物含量。

五、实验结果分析

(1) 绘制吸光度-氟含量的标准曲线。

(2) 计算目标水样中氟化物的实际含量。

水样中氟离子质量浓度按下式计算:

$$\rho = \frac{m}{V}$$

式中:ρ——水样中氟离子的质量浓度,mg/L;

　　　m——由校准曲线查得的氟含量,μg;

　　　V——水样体积,mL。

六、讨论与思考

(1) 结合实验测定所得结果,分析样品的氟污染程度。

(2) 根据实验所用方法,思考影响水样中氟化物分析结果准确性的可能因素,以及可以采取的对应性控制措施。

实验八　水中溶解氧的测定

溶解于水中的分子态的氧称为溶解氧,以每升水中氧气的毫克数表示。按照亨利定律的表达,空气中的氧气会向水体中迁移,从而达到在水气两相中的平衡。水中溶解氧含量与空气中氧的大气分压、水体的温度有密切关系。在自然情况下,水温是影响溶解氧含量的主要因素。通常水的温度越低,水中溶解氧的含量越高。在日常的社会活动中,工业废水和生活污水中含有包括大量有机物在内的耗氧性污染物,进入自然水体会导致水体溶解氧的长时间大量消耗,致使其含量大幅下降。同时,水体中溶解氧下降,会导致水环境的恶化,进而造成大量水生生物的死亡和消失。水体中大量耗氧污染物的存在,会导致溶解氧的消耗速度远超过自然复氧速度,从而使水环境无法自我修复和改善。因此,水中溶解氧的多少是衡量水体质量和自净能力的重要指标。

一、实验目的

(1)掌握水体中溶解氧的测定方法原理和操作步骤流程。
(2)熟悉溶解氧测定方法的适用性,掌握干扰因素的消除方法。

二、实验原理

水中溶解氧的测定方法主要包括碘量法、膜电极法、快速溶氧仪法、化学荧光法等。清洁水体中溶解氧的测定主要采用碘量法,对于受污染的天然水体或者工业废水则通常采用电化学探头法。本次实验采用碘量法测定天然水体中的溶解氧。在采集现场,向水样中加入硫酸锰溶液和碱性碘化钾溶液,水样中的溶解氧将低价锰(二价)氧化成高价锰(四价),生成的四价锰的氢氧化物为棕色沉淀。向水样中加酸,棕色的氢氧化物沉淀溶解,并释放出游离态的碘。以淀粉做指示剂,用硫代硫酸钠溶液滴定游离态的碘,从而计算出水样中溶解氧的含量。

三、实验器材与试剂

1. 主要器材

(1)分析天平。
(2)烘箱。
(3)溶氧瓶:250~300 mL。
(4)电热炉。
(5)滴定台:碱式滴定管(50 mL)。
(6)容量瓶:100 mL,1000 mL。
(7)移液管:1 mL、5 mL、10 mL。
(8)锥形瓶:250 mL。
(9)滴管。

2. 主要试剂

除非另有说明,实验中所用试剂均为分析纯,所用水均为新制备的去离子水。

(1) 硫酸锰溶液：称取 480 g 四水合硫酸锰（$MnSO_4 \cdot 4H_2O$），或者 380 g 一水合硫酸锰（$MnSO_4 \cdot H_2O$），或者 340 g 无水硫酸锰（$MnSO_4$），溶解于适量水中，将溶液转移到 1000 mL 容量瓶中，用水稀释、定容至标线。该溶液加至酸化的碘化钾溶液中，遇淀粉不产生蓝色。

(2) 碱性碘化钾溶液：称取 500 g 氢氧化钠溶解于 300～400 mL 水中，溶液冷却待用。称取 150 g 碘化钾溶解于 200 mL 水中。将两种溶液合并，摇动均匀。

另外，称取 10 g 碘化钠（NaI_3）溶解于适量水中，并将其合并到刚才配制的碱性碘化钾溶液中。转移到 1000 mL 棕色橡胶塞容量瓶中，用水稀释、定容至标线。如有沉淀，则静置过夜后，转移上清液，于避光处保存备用（此溶液酸化后，遇淀粉不变蓝色）。

(3) 硫酸溶液（体积比 1∶1）：小心地移取 500 mL 浓硫酸，持续搅拌过程中，加入盛有 500 mL 去离子水的大烧杯中，保存备用。

(4) 重铬酸钾溶液（1/6 K_2CrO_7，0.0250 mol/L）：准确称取 1.2258 g 重铬酸钾（优级纯，105～110℃下烘干 2 h）溶解于水中，转移到 1000 mL 容量瓶中，用水稀释、定容至标线，摇匀备用。

(5) 10 g/L 淀粉溶液：称取 10 g 可溶性淀粉，溶于少量水中调成糊状，用新煮的沸水稀释至 1 L；冷却后加入 0.1 g 水杨酸或者 0.4 g 氯化锌防腐。

(6) 硫代硫酸钠溶液：称取 3.2 g 五水合硫代硫酸钠（$Na_2S_2O_3 \cdot 5H_2O$），溶解于适量的冷却后的沸水中，称取 0.2 g 碳酸钠（Na_2CO_3）加入其中，搅拌溶解均匀，转移至 1000 mL 的棕色瓶中，用水稀释、定容至标线。临用前，需先标定溶液的实际有效浓度。

标定浓度：称取 1 g 碘化钾，加入盛有 100 mL 水的细口瓶（250 mL）中，分别移取 10 mL 重铬酸钾溶液（0.025 mol/L）、5 mL 硫酸溶液，加入碘量瓶中，塞好塞子，摇动均匀。

将碘量瓶暗处静置 5 min，然后用硫代硫酸钠溶液滴定至溶液呈浅黄色，加入 1 mL 的淀粉溶液（使溶液呈现蓝色），继续用硫代硫酸钠溶液滴定，直至蓝色刚好褪去，记录硫代硫酸钠溶液的消耗体积。

硫代硫酸钠溶液的浓度通过下式计算得到，即

$$M = \frac{10.00 \times 0.0250}{V}$$

式中：M——硫代硫酸钠溶液摩尔浓度，mol/L；

V——滴定消耗的硫代硫酸钠溶液体积，mL；

10.00——重铬酸钾溶液的体积，mL；

0.0250——重铬酸钾溶液的摩尔浓度，mol/L。

(7) 酚酞溶液：1 g/L。

(8) 碘溶液（0.005 mol/L）：称取 5 g 碘化钾，溶解于少量水中，另外加入约 130 mg 碘，待碘溶解后，将溶液转移到 100 mL 容量瓶中，用水稀释、定容至标线，摇动均匀，保存备用。

四、实验步骤

1. 样品的采集与保存

从目标水体采集的样品盛存在溶氧瓶中，后续的检测直接在溶氧瓶中进行。采集水样时，注意不能让水样曝气或者让溶氧瓶中留有气泡。采样时，首先用水样冲洗溶氧瓶，然后沿着瓶壁直接倾倒，或者用虹吸法将软管插入溶氧瓶的底部，缓慢匀速地注入水样，至水样

溢流出溶氧瓶体积的 1/3～1/2。采集所得水样需立即加入固定试剂,避免水样中溶解氧变化,然后将溶氧瓶置于冷暗处保存。

(1) 地表水的采集:水样满溢溶氧瓶,操作中避免引起溶解氧浓度的变化,消除附着在瓶壁上的气泡,然后立即添加固定试剂固定溶解氧。

(2) 自来水的采样:将惰性材料的软管与自来水管口连接,将软管插入溶氧瓶底部。用溢流冲洗的方式,缓慢冲入并满溢容量瓶,消除瓶壁上的附着气泡后,立即加入固定试剂。

(3) 湖库等深水采样:将溶氧瓶固定安置在采样器中,将橡胶软管装到瓶塞中,将软管插至溶氧瓶底部。当采样器到达目标水深,打开软管上端的夹子,让水流入溶氧瓶排出空气。

2. 水样的处理

(1) 溶解氧的固定

在采样现场,使用细尖头移液管,分别移取 1 mL 硫酸锰溶液、2 mL 碱性碘化钾溶液,将移液管插至水样液面以下,将上述固定试剂加入采集的水样中。小心地塞好玻璃塞,过程中避免把气泡引入水样中。

将水样上下颠倒数次,使得瓶内成分混合均匀,在暗处静置 5～10 min,然后重新颠倒溶液数次,确保瓶内成分混合均匀。

所得水样需尽快分析,如确需保存,需将溶氧瓶置于阴暗处,保存时间不超过 24 h。

(2) 碘的析出

轻轻打开溶氧瓶,立即用细尖移液管将 2 mL 硫酸溶液(体积比 1∶5)加入水样中,小心塞好瓶塞,颠倒溶氧瓶,使得瓶内沉淀物完全消失,将溶氧瓶暗处静置 5 min。

3. 滴定测定

移取 100 mL 处理好的水样,转移至 250 mL 锥形瓶中,用标定好浓度的硫代硫酸钠溶液滴定,直至溶液呈现淡黄色。移取 1 mL 淀粉指示剂溶液,加入溶液中,继续用硫代硫酸钠溶液滴定,直至溶液蓝色刚好褪去,记录硫代硫酸钠溶液的消耗体积。

五、实验结果分析

水样中溶解氧的含量可以通过下式计算得到,即

$$C = \frac{M \times V \times 8 \times 1000}{100}$$

式中:C——水样中溶解氧的含量,mol/L;

　　　M——硫代硫酸钠溶液摩尔浓度,mol/L;

　　　V——硫代硫酸钠消耗体积,mL。

六、注意事项

(1) 如果水样呈强酸性或者强碱性,可以用氢氧化钠或者硫酸溶液调节水样为中性后,再分析测定。

(2) 如果水样中含有氧化性物质,需要预先在水样中加入硫代硫酸钠。用两个溶氧瓶分别盛装相同量水样,其中一瓶水样中加入 5 mL 硫酸溶液(体积比 1∶1)、1 g 碘化钾,将溶液摇动均匀,使之析出碘,然后以淀粉做指示剂,用硫代硫酸钠溶液滴定。另一瓶水样中加入相同体积的硫代硫酸钠溶液,然后用相同操作完成测定。

（3）如果水样中存在易氧化的有机物，改用电化学探头法测定溶解氧，基本方式如下。

① 将探头浸入水样，膜上不能留有气泡，停留足够的时间，待探头温度与水温达到平衡，且数字显示稳定时读数。

如有必要，可根据所用仪器的型号及对测量结果的要求，检验水温、气压或含盐量，并对测量结果进行校正。

② 探头的膜接触水样时，水样要保持一定的流速，防止与膜接触的瞬间将该部位样品中的溶解氧耗尽，使读数发生波动。

对于流动水样：应检查水样是否有足够的流速（不小于 0.3 m/s），若水流速小于 0.3 m/s，则需在水样中往复移动探头，或者取分散样品进行测定。

对于分散样品：容器能密封以隔绝空气并带有磁力搅拌器。将样品充满容器至溢出，密闭后进行测量。调整搅拌速度，使读数达到平衡后保持稳定，并不夹带空气。

七、讨论与思考

（1）测定溶解氧的水样，在采集的过程中为什么要让水样溢满样品瓶？

（2）实验过程中，如果加入硫酸溶液后，溶氧瓶中的沉淀不完全消失，说明什么情况？应当如何操作？

实验九　水体中氨氮的测定

氨氮指的是以游离态的氨(NH_3)和铵盐离子(NH_4^+)的形式存在于水体中的含氮物质。其中,两者的组成比例取决于水的pH值和水温。当pH值偏高时,游离态的氨(NH_3)比例较高;相反地,当pH值偏低时,铵盐离子(NH_4^+)态氮的比例则会更高。对于水温而言,情形刚好相反。水体中的氨氮主要来源于合成氨等行业的工业废水,以及生活污水和农田排水。在无氧环境中,水体中的亚硝酸盐可以被微生物利用并还原转化为氨氮;在有氧环境中,水中的氨氮则会被氧化为亚硝酸盐,进而继续转化为硝酸盐。

在自然环境中,氨氮会造成坑、塘、湖、库、河流的富营养化而发生水华。同时,氨氮也是近岸海洋导致赤潮发生的主要污染物。作为水体的主要耗氧型污染物,氨氮的过量存在不但会造成目标环境恶化,而且会影响水生生物的栖息环境,带来巨大的潜在生存威胁。因此,测定水体中包括氨氮在内的各种形态的氮的化合物,有助于了解目标水体的污染状况,明确和管控水体的净化过程,以及对水体的质量及变化做出评判。

一、实验目的

(1)掌握纳氏试剂分光光度法测定水中氨氮的方法原理与实验操作环节。

(2)熟悉影响测定结果的干扰因素以及消除干扰的相关方法手段。

二、实验原理

水中氨氮的测定方法主要包括纳氏试剂分光光度法、气相分子吸收法、苯酚次氯酸盐比色法、电极法等。其中,纳氏试剂分光光度法具有操作简便、灵敏的特点。虽然水中金属离子(钙、镁和铁等)、硫化物、醛类、酮类的颜色以及浑浊等因素可能会干扰测定,但是可以通过絮凝沉淀或者蒸馏等预处理方式有效地消除或者屏蔽干扰。本次实验采用纳氏试剂分光光度法测定水体中的氨氮,利用酒石酸钾钠络合水样中钙、镁等金属离子,消除干扰。通过纳氏试剂与氨氮反应生成红棕色化合物,该红棕色化合物在410～425 nm波长范围内具有强烈吸收,最后通过校准曲线查得氨氮含量并计算得到水样中的氨氮浓度。

三、实验器材与试剂

1. 主要器材

(1)分析天平。

(2)水质采样器。

(3)砂芯抽滤装置:G_3、0.45 μm 滤膜。

(4)循环水式真空泵。

(5)马弗炉。

(6)电热炉。

(7)可见光分光光度计(20 mm 光程比色皿)。

(8)氨氮的定氮蒸馏装置:500 mL 凯氏烧瓶、氮球、直形冷凝管、导管。

(9)具塞比色管:50 mL。

(10) 容量瓶：100 mL、500 mL、1000 mL。

(11) 聚乙烯瓶：100 mL。

(12) 移液管：2 mL、5 mL、10 mL。

(13) 滴管。

2．主要试剂

除非另有说明，实验中所用试剂均为分析纯，所用水均为新制备的去离子水。

(1) 纳氏试剂。

① 纳氏试剂 A：氯化汞-碘化钾-氢氧化钾溶液（$HgCl_2$-KI-KOH）。

称取 15 g 氢氧化钾，搅拌均匀使之溶解于 50 mL 水中，冷却至室温。

称取 5 g 碘化钾，溶解于 10 mL 水中；在搅拌过程中，将 2.5 g 氯化汞粉末少量多次地加入碘化钾溶液中，直到溶液呈现深黄色或者出现淡红色沉淀溶解缓慢时，充分将溶液搅拌混合。然后向溶液中滴加饱和的氯化汞溶液，当出现少量朱红色沉淀并不再继续溶解时，停止滴加。

在持续搅拌的过程中，将冷却后的氢氧化钾溶液缓慢地加入氯化汞和碘化钾的混合溶液中，用水稀释到 100 mL。将所得溶液在暗处静置 24 h，倾出上清液并转移到聚乙烯瓶中，用橡皮或者聚乙烯材质盖子塞紧，密封、避光保存，可稳定保存 1 个月。

② 纳氏试剂 B：碘化汞-碘化钾-氢氧化钠溶液（HgI_2-KI-NaOH）。

称量 16 g 氢氧化钠溶于 400 mL 水中，逐量加入，持续搅拌，冷却至室温。

称量 7 g 碘化钾和 10 g 碘化汞溶于适量水中。

在持续搅拌的过程中，将碘化钾和碘化汞的混合溶液缓慢地加入冷却后的氢氧化钠溶液中。用水稀释至 1000 mL，然后将其转移到具塞聚乙烯瓶中，避光条件下密封放置，可稳定保存 1 年有效。可根据实验情况的需要，选择上述任一纳氏试剂的配制方式。

(2) 酒石酸钾钠溶液：称量 50 g 四水合酒石酸钾钠（$KNaC_4H_4O_6 \cdot 4H_2O$）于适量水（80～90 mL）中溶解，电热炉加热煮沸去氨，冷却后定容于 100 mL 容量瓶中，备用。

(3) 轻质氧化镁（MgO）：将氧化镁在 500℃ 下加热，去除可能的碳酸盐。

(4) 硫代硫酸钠溶液（3.5 g/L）：称取 3.5 g 硫代硫酸钠（$Na_2S_2O_3$）溶解于水中，转移至 1000 mL 容量瓶中，用新制备的去离子水稀释、定容至标线。

(5) 氢氧化钠溶液（250 g/L）：称取 25 g 氢氧化钠溶解于水中，转移、稀释、定容于 100 mL 容量瓶中，然后转移到聚乙烯瓶中备用。

(6) 氢氧化钠溶液（1 mol/L）：称取 4 g 氢氧化钠溶解于水中，转移、稀释、定容于 100 mL 容量瓶中，然后转移到聚乙烯瓶中备用。

(7) 盐酸溶液（1 mol/L）：移取 8.5 mL 浓盐酸，转移到有适量水的 100 mL 容量瓶中，然后用水稀释、定容至标线。

(8) 硼酸溶液（20 g/L）：称取 20 g 硼酸（H_2BO_3）溶解于水中，转移到 1000 mL 容量瓶中，用水稀释、定容至标线。

(9) 氨氮标准贮备液（1 g/L）：准确称取 3.8190 g 氯化铵（优级纯 NH_4Cl，在 105℃ 下干燥 2 h），溶解于水中，转移到 1000 mL 容量瓶中，然后用水稀释、定容至标线。将该溶液置于 2～5℃ 下，密封、避光，可有效保存 1 个月。

(10) 氨氮标准使用液（10 mg/L）：准确移取 5 mL 氨氮标准贮备液，置于 500 mL 容量瓶中,用新制备的去离子水稀释、定容至标线。

(11) 溴百里酚蓝指示剂(0.5 g/L):称取 0.05 g 溴百里酚蓝溶解于 50 mL 水中,加入 10 mL 无水乙醇,转移到 100 mL 容量瓶中,然后用水稀释、定容至标线。

四、实验步骤

1. 水样采集与保存

从目标水体中采集的水样,保存在聚乙烯或者玻璃材质的样品瓶中,得到水样后要尽快分析检测。如果需要保存,应当在尽量避免空气中的氨沾染的情况下,向水样中滴加硫酸酸化,使其 pH 值小于 2。在 2～5℃下,密封、避光保存 1 周。

2. 水样的预处理

根据水样的实际情况,选择合适的预处理方式。如果水样中含有悬浮物质,可以通过砂芯抽滤装置去除杂质,然后进行测定。如果水样溶解有其他的干扰性物质,并且带有颜色或者浑浊,均会影响氨氮的测定。因此,对于比较清洁的水样,可以采用絮凝沉淀法预处理水样,而对于污染严重的水样,则可以通过蒸馏的方式开展预处理屏蔽干扰。

(1) 絮凝沉淀法

移取 100 mL 样品置于具塞比色管中,分别加入 1 mL 硫酸锌溶液、0.1～0.2 mL 的氢氧化钠溶液,从而将溶液的 pH 值调节到 10.5 左右。将溶液摇动均匀,静置使得沉淀完全,倾出上清液,用经过无氨水清洗过的抽滤装置过滤,弃去前 20 mL 的初滤液。

(2) 蒸馏法

移取 250 mL 的水样,转移到凯氏烧瓶中,滴加几滴溴百里酚蓝指示剂溶液,用氢氧化钠或者盐酸溶液调节 pH 值到 7 左右。

加入 0.25 g 轻质氧化镁和几粒玻璃珠,立即连接氮球和冷凝管,加热蒸馏。当收集得到 200 mL 馏出液时,停止加热,用无氨水稀释、定容至 250 mL。

另外,如果水样中含有余氯,可以加入适量的硫代硫酸钠溶液使之去除(每 0.5 mL 硫代硫酸钠溶液,可以对应去除 0.25 mg 余氯)。用淀粉-碘化钾试纸检验溶液中余氯是否去除完全。

3. 校准曲线的绘制

分别准确移取 0 mL、0.5 mL、1.0 mL、2.0 mL、4.0 mL、6.0 mL、8.0 mL、10.0 mL 氨氮的标准使用液(对应的氨氮含量依次为: 0 μg、5 μg、10 μg、20 μg、40 μg、60 μg、80 μg、100 μg),置于一系列的 50 mL 具塞比色管中,用水稀释并定容至标线。分别向上述系列比色管中顺序加入 1 mL 酒石酸钾钠溶液,摇动均匀;加入 1.5 mL 纳氏试剂溶液,摇动均匀。静置 10 min 后,用分光光度计在 420 nm 波长处,以无氨水为空白参比溶液,测定吸光度。

测得的吸光度减去空白吸光度,得到校正吸光度,然后以标准溶液中氨氮的含量、对应的吸光度分别作为横、纵坐标数值,绘制校准曲线。

4. 水样的测定

取 50 mL(或者适量体积)水样加入比色管中,加入 1 mL 酒石酸钾钠溶液,摇匀;加入 1.5 mL 纳氏试剂溶液,摇匀。

静置显色 10 min,以水为空白参比溶液,与校准曲线相同步骤测量吸光度。根据吸光度值,结合校准曲线查得对应的氨氮含量。

如果水样的浓度过高,则等比例稀释水样,然后根据实验步骤测定吸光度。

五、实验结果计算

水样中氨氮质量浓度可以通过下式计算得到,即

$$C_{氨氮} = \frac{m}{V} \times 1000$$

式中:$C_{氨氮}$——水样中氨氮质量浓度,mg/L;

　　　m——根据校准曲线查得的氨氮含量,mg;

　　　V——水样的体积,mL。

六、注意事项

(1)纳氏试剂配置过程中,氢氧化钠溶于水会放热并释放呛鼻气味,应注意防烫、环境通风。所用试剂中氯化汞、碘化汞等具有高毒性,须做好个人安全防护并规范操作。

(2)水样的蒸馏处理过程中,应避免暴沸,否则会造成馏出液温度过高,导致氨氮吸收不完全。

(3)纳氏试剂中碘化汞和碘化钾的比例,对溶液的显色反应灵敏度有较大影响,因此配制、静置后生成的沉淀应去除。

(4)实验中所用器皿应避免空气中氨的沾染,使用前应当用无氨水冲洗。

七、总结与讨论

(1)根据实验认识和个人操作,总结水体中氨氮分析的要点环节和过程细节。

(2)如果水样中氨氮含量过高或者过低,如何通过预处理满足分析方法的测定?

(3)影响纳氏试剂分光光度法测定水体中氨氮的因素有哪些?如何消除干扰?

实验十 水中亚硝酸盐氮的测定

水中存在亚硝酸盐时表明有机物的分解过程还在继续进行,如亚硝酸盐的含量太高,说明水中有机物的无机化过程尚未进行完全,表示污染的危险性仍然存在。水体中亚硝酸盐氮污染的发生,会导致水体质量下降,不同程度地干扰和影响鱼类、甲壳类、水生植物等水生生物的正常生活和生长。饮用水中亚硝酸盐氮超标,会使人体血红蛋白被氧化成高铁血红蛋白,使得血红蛋白失去携氧功能,导致人体组织器官因为缺氧而坏死或者发生严重的并发症。亚硝酸盐还可以与仲胺反应生成亚硝胺类物质,会给人体带来致癌的潜在风险。

一、实验目的

(1)掌握利用分光光度法测定水体中亚硝酸盐氮的方法原理,掌握实验操作流程步骤。

(2)熟悉影响水中亚硝酸盐氮含量测定的主要因素,掌握消除或弱化干扰的方式手段。

二、实验原理

对于饮用水、地表水、地下水和各类废水污水中的亚硝酸盐氮含量的测定,可以采用离子色谱法、分光光度法、气相分子吸收光谱法。本次实验选用灵敏度更高、选择性更强的分光光度法测定水中的亚硝酸盐氮含量。该方法设备要求不高,操作方式简易,方法原理是:在磷酸介质溶液中,水样的 pH 值为 1.8 ± 0.3 时,水样中的亚硝酸根与 4-氨基苯磺酰胺反应生成重氮盐,该重氮盐化合物会与 N-(1-萘基)-乙二胺二盐酸盐发生偶联,生成红色的染料。利用分光光度计在 540 nm 波长处测定吸光度,根据校准曲线得到亚硝酸盐氮的含量,继而计算得到目标水样中亚硝酸盐氮的浓度。

三、实验器材与试剂

1. 主要器材

(1)分析天平。

(2)烘箱。

(3)砂芯抽滤装置:G_3,$0.45~\mu m$ 滤膜。

(4)台式水循环真空泵。

(5)分光光度计(10 mm 光程和 30 mm 光程比色皿)。

(6)冰箱。

(7)水浴锅。

(8)具塞锥形瓶:300 mL。

(9)棕色容量瓶:50 mL、500 mL、1000 mL。

(10)移液管:1 mL、5 mL、10 mL、50 mL。

(11)量筒:1000 mL。

(12)具塞比色管:50 mL。

(13)滴管。

2. 主要试剂

除非另有说明,实验所用试剂均为分析纯,实验用水均为新制备的高纯水。

(1) 磷酸溶液(1.5 mol/L)。

(2) 显色剂:分别移取 250 mL 高纯水、50 mL 磷酸,置于 500 mL 的烧杯中;再分别准确地称取 4-氨基苯磺酰胺 20 g、N-(1-萘基)-乙二胺二盐酸盐($C_{10}H_7NHC_2H_4NH_2 \cdot 2HCl$)1 g,溶解于上述烧杯溶液中,搅拌均匀,转移至 500 mL 棕色容量瓶中,用水稀释、定容至标线。将容量瓶置于冰箱中,在 4℃下,密封、避光,可稳定有效保存 1 个月。

该显色溶液有毒,须避免皮肤接触或入口。

(3) 高锰酸钾标准溶液(0.05 mol/L):准确称取 1.6 g 高锰酸钾,溶解于 1.2 L 水中,煮沸 30～60 min,使得溶液体积减至 1 L,静置过夜。

用玻璃砂芯抽滤器(G_3)抽滤,将滤液转移至棕色容量瓶中避光保存。

高锰酸钾标准溶液浓度,用亚硝酸盐氮标准贮备液配制、按标定中的对应方式标定。

(4) 草酸钠标准溶液(0.05 mol/L):准确称取 3.35 g 草酸钠(优级纯,105℃烘干 2 h),溶解于 750 mL 水中,转移至 1000 mL 容量瓶中,用水稀释、定容至标线,摇动均匀,备用。

(5) 亚硝酸盐氮标准贮备液(约为 0.25 mg/mL):准确称取 1.232 g 亚硝酸钠($NaNO_2$),溶解于 150 mL 水中,转移至 1000 mL 棕色容量瓶中,加入 1 mL 三氯甲烷,用水稀释、定容至标线,摇动均匀。置于 4℃下,密封、避光,可稳定有效保存 1 个月。

亚硝酸盐氮标准贮备液浓度标定:

① 分别移取 50 mL 高锰酸钾标准溶液、5 mL 浓硫酸,置于 300 mL 具塞锥形瓶中。用大肚吸管移取 50 mL 亚硝酸盐氮标准贮备液,转移至上述溶液中,操作时,要将吸管插入高锰酸钾溶液液面以下加液。

② 将锥形瓶中溶液轻轻摇动均匀,置于水浴中 70～80℃下加热,按照每次 10 mL 的体积加入足够且过量的草酸钠标准溶液,使得溶液中颜色褪去,记录草酸钠标准溶液体积(V_2)。

③ 用高锰酸钾标准溶液滴定锥形瓶中过量的草酸钠,至溶液呈现微红色,记录高锰酸钾标准溶液的体积(V_1)。

④ 用 50 mL 高纯水代替亚硝酸盐氮标准贮备液,在相同的操作方式下,用草酸钠标准溶液标定高锰酸钾溶液的浓度(C_1)。

其中,高锰酸钾标准溶液的实际浓度按照下式计算,即

$$C_1 = \frac{0.05 \times V_4}{V_3}$$

亚硝酸盐氮标准贮备液浓度可以按照下式计算得到,即

$$C_N = \frac{(V_1 C_1 - 0.05 V_2) \times 7.00 \times 1000}{50}$$
$$= 140 V_1 C_1 - 7.00 \times V_2$$

式中:C_N——亚硝酸盐氮标准贮备液质量浓度,mg/L;

　　　V_1——滴定亚硝酸盐氮标准贮备液时,加入的高锰酸钾标准溶液体积,mL;

　　　V_2——滴定亚硝酸盐氮标准贮备液时,加入的草酸钠标准溶液体积,mL;

　　　V_3——滴定高纯水空白试样时,加入的高锰酸钾标准溶液体积,mL;

V_4——滴定高纯水空白试样时,加入的草酸钠标准溶液体积,mL;

7.00——(1/2)亚硝酸盐氮的摩尔质量,g/mol;

50——亚硝酸盐氮标准贮备液的取用体积,mL;

0.05——草酸钠标准溶液的摩尔浓度,mol/L。

(6) 亚硝酸盐氮标准中间液(50 mg/L):移取 50 mL 标定浓度亚硝酸盐氮标准贮备液,置于 250 mL 棕色容量瓶中,用水稀释、定容至标线,摇动均匀。容量瓶置于 4℃下、密封、避光,可稳定有效保存 1 周,备用。

(7) 亚硝酸盐氮标准工作液(1 mg/L):移取 10 mL 亚硝酸盐氮标准中间液,置于 500 mL 棕色容量瓶中,用水稀释、定容至标线,摇动均匀,待用。该溶液需要现用现配。

(8) 氢氧化铝悬浮液:称取 125 g 十二水合硫酸铝钾,溶解于 1 L 水中,加热至 60℃,在持续搅拌过程中,缓慢匀速地加入 55 mL 浓氨水,静置 1 h,转移至 1 L 量筒中。然后,用水反复洗涤沉淀,直至洗涤液中不再含有亚硝酸盐氮为止。待溶液澄清后,倾去上清液,留用黏稠的悬浮物,向其中加入 100 mL 水,使用前将其振荡均匀。

(9) 酚酞指示剂:称取 0.5 g 酚酞,溶解于 50 mL 的 95% 乙醇中。

四、实验步骤

1. 样品的采集与保存

从目标水体中采集水样,须用玻璃或者聚乙烯材质采样器,置于相同材质或者聚四氟乙烯(PTFE)样品瓶中盛存。水样需尽快送抵实验室并立即分析。

如果水样来不及分析,需向其中加入氯化汞($HgCl_2$,按每升水样 40 mg 的用量添加),将样品瓶置于 4℃下、密封、避光,保存时长不超过 2 d。

2. 试样的预处理

(1) 如果水样有颜色,或有悬浮物,则须向水样中加入氢氧化铝悬浮液(每 100 mL 水样加 2 mL 氢氧化铝悬浮液)。将溶液搅拌均匀,静置,抽滤,弃去 25 mL 初滤液,然后取水样作为试样开展分析测定。

(2) 如果水样 pH 值不小于 11,则向试样中加入 1 滴酚酞指示剂溶液,在持续搅拌过程中,用磷酸溶液(体积比 1:9)滴定,直至红色消失。

(3) 如果经过预处理后的水样仍然具有颜色,则取相同体积的水样(指的是与测定过程所取水样体积一致),改用 1 mL 磷酸(体积比 1:9)溶液代替显色剂,然后测量其吸光度。

3. 校准曲线的绘制

(1) 取一系列的 50 mL 具塞比色管,分别移取加入 0 mL、1 mL、3 mL、5 mL、7 mL、10 mL 亚硝酸盐标准工作液,用水稀释、定容至标线。向各比色管中加入 1 mL 显色剂,摇动均匀,静置显色 20 min。

(2) 利用分光光度计,在 540 nm 波长处,用 10 mm 光程比色皿,以高纯水为空白参比溶液,测量溶液吸光度。

(3) 以溶液测定所得的吸光度扣除零浓度空白吸光度,用溶液中亚硝酸盐氮的质量(μg)作为横坐标,校正所得吸光度为纵坐标,绘制亚硝酸盐氮的校准工作曲线。

4. 试样的测定

(1) 移取一定体积的水样(或经过预处理的水样或适量的水样)置于 50 mL 具塞比色管中,用水稀释、定容至标线,加入 1 mL 显色剂,密封比色管,摇动均匀,静置 20 min。

（2）利用分光光度计，在 540 nm 波长处，用 10 mm 光程比色皿，以高纯水为空白参比溶液，测量溶液吸光度。

五、实验结果分析

试样溶液中吸光度校正值的计算，按照下式得到，即

$$A_r = A_s - A_b - A_c$$

式中：A_s——试样溶液测定所得吸光度；

　　　A_b——空白溶液测定所得吸光度；

　　　A_c——水样色度预处理后测定所得吸光度。

试样中亚硝酸盐氮的浓度可以按照下式计算得到，即

$$C_N = \frac{m_N}{V}$$

式中：C_N——亚硝酸盐氮的质量浓度，mg/L；

　　　m_N——根据校准曲线，校正吸光度 A_r 对应的亚硝酸盐氮的含量，μg；

　　　V——水样的取用体积，mL。

如果水样体积取 50 mL，则计算结果数值取 3 位小数。

六、注意事项

（1）实验中所用显色剂及其配制所用试剂有毒，务必做好个人防护，规范操作，避免皮肤直接接触或者入口，确保实验安全。

（2）本实验方法用 10 mm 光程比色皿，水样体积取 50 mL 时，最低检出限浓度为 0.003 mg/L；当采用 30 mm 光程比色皿，取样 50 mL 时，最低检出限浓度为 0.001 mg/L。

（3）如果水样中存在氯胺、氯、硫代硫酸盐、聚磷酸钠、三价铁离子时，会对检测有明显干扰，需根据实际情况处理或者改用其他适用方法测定。

七、讨论与思考

（1）水体中，特别是饮用水中含有亚硝酸盐，对人体健康有什么危害？

（2）如果水样颜色较深，应当如何处理才能保证方法适用，并确保测定结果准确？

实验十一　水中硝酸盐氮的测定

天然水体中过量氮类化合物的主要来源包括工业废水和生活污水。当水体受到含氮无机化合物或者含氮有机物污染后，水体的自然氧化作用和各类微生物的代谢作用，会使其从氨氮经过亚硝酸盐氮最终转化为硝酸盐氮。这3种不同形态的氮都是衡量水体环境质量的指标，也分别代表着有机氮等含氮污染物发生转化的不同过程阶段。伴随着含氮化合物的分解与代谢，对应水体中的细菌和有机污染物也会逐步发生转化分解，最终完成并实现水体的净化。因此，通过测定水体中硝酸盐氮等多种氮的含量，可以判断含氮污染物的发生阶段，明确水体的质量状况，掌握目标水体环境的变化趋势等价值信息。

一、实验目的

（1）了解硝酸盐氮含量测定的环境学意义和分光光度法测定硝酸盐氮的原理。

（2）熟悉影响硝酸盐氮测定的影响因素，掌握消除干扰的方法及手段。

二、实验原理

水中硝酸盐氮可以通过酚二磺酸分光光度法、离子色谱法、紫外分光光度法、离子选择点击法、气相分子吸收光谱法等测定。天然的地表水体中，硝酸盐氮的含量相较工农业废水要低，因此本次实验采用酚二磺酸分光光度法，对较为清洁的地表水、地下水和饮用水中的硝酸盐氮开展测定。

浓硫酸与苯酚作用会生成酚二磺酸。在无水的条件下，酚二磺酸与硝酸盐产生硝基二磺酸酚，在碱性溶液中会发生分子重排，进而生成相应的黄色化合物。该黄色化合物在410 nm处具有最大吸收波长。水样中硝酸盐的含量与黄色化合物的色度成正比例关系，因此可以通过测定黄色溶液的吸光度，得到目标水体中硝酸盐氮的含量。

三、实验器材与试剂

1. 主要器材

（1）分析天平。

（2）分光光度计（10 mm光程或者30 mm光程比色皿）。

（3）蒸发皿：75～100 mL。

（4）水浴锅。

（5）具塞比色管：50 mL、100 mL。

（6）锥形瓶：500 mL。

（7）容量瓶：500 mL、1000 mL。

（8）量筒：100 mL、500 mL。

（9）移液管：1 mL、2 mL、5 mL、10 mL、50 mL。

（10）滴管。

2. 主要试剂

除非另有说明，实验中所用试剂均为分析纯，用水均为去离子水。

（1）发烟硫酸（$H_2SO_4 \cdot SO_3$，含 13％SO_3）。

（2）酚二磺酸溶液：称取 25 g 苯酚置于 500 mL 锥形瓶中，加入 150 mL 浓硫酸，使苯酚溶解；另加入 75 mL 发烟硫酸，混合均匀。在锥形瓶口插一小漏斗，小心安置于沸水浴中，加热 2 h 得到淡棕色黏稠溶液，转移并贮存于棕色瓶中，密塞保存。

如果没有发烟硫酸，或者发烟硫酸浓度过高不便于配制，可延长水浴加热时长至 6 h，妥善保存得到的黏稠溶液，避免吸潮。

（3）氨水。

（4）氢氧化钠溶液（0.1 mol/L）：称取 2 g 氢氧化钠溶解于适量水中，转移到 500 mL 容量瓶中，用水稀释、定容至标线；后转移到聚乙烯瓶中保存备用。

（5）硝酸盐氮标准贮备液（100 mg/L）：准确称取 0.7218 g 硝酸钾（110℃烘干 2 h）溶解于适量去离子水中，转移到 1000 mL 容量瓶中，用水稀释、定容至标线，摇动均匀。

加入 2 mL 三氯甲烷，可稳定保存至少 6 个月。

（6）硝酸盐氮标准使用液（10 mg/L）：准确移取 50 mL 硝酸盐氮标准贮备液，置于蒸发皿中，滴加氢氧化钠溶液（0.1 mol/L）调节其 pH 值为 8，利用水浴加热将溶液蒸干。

加入 2 mL 配制好的酚二磺酸溶液，用玻璃棒研磨蒸发皿内的残渣，使其与蒸发皿内试剂充分接触，静置片刻，重复操作。蒸发皿放置 10 min，加入少量去离子水，定量转移到 500 mL 容量瓶中，用水稀释、定容至标线，摇动均匀。

将溶液转移至棕色瓶中，可稳定保存至少 6 个月备用。

（7）硫酸银溶液：准确称取 4.397 g 硫酸银溶解于水中，用水稀释、定容于 1000 mL 容量瓶中。

（8）氢氧化铝悬浮液：称取 125 g 十二水合硫酸铝钾[$KAl(SO_4)_2 \cdot 12H_2O$]溶解于 1000 mL 水中，加热到 60℃，持续搅拌过程中缓慢匀速加入 55 mL 氨水，从而产生氢氧化铝沉淀；充分搅拌，静置 1 h 后，弃去上清液。

之后用水反复洗涤所得沉淀，直到洗涤液中不含有氯离子和铵盐。待溶液澄清后，尽量清除上清液，留下黏稠的悬浮物，最后加入 300 mL 水得到悬浮液，使用前须振荡均匀。

（9）高锰酸钾溶液：准确称取 3.16 g 高锰酸钾溶解于水中，转移于 1000 mL 容量瓶中，用水稀释、定容至标线。

四、实验步骤

1. 样品的采集与保存

采集得到的水样须贮存于玻璃瓶或者聚乙烯瓶中，水样采集后要立即进行分析。如果必须保存，应当在 4℃下，避光保存不超过 24 h。

2. 样品的预处理

（1）水样浑浊或者带色时，可移取 100 mL 水样置于 100 mL 具塞比色管中，加入 2 mL 氢氧化铝悬浮液，密塞并充分振荡摇匀，静置几分钟，待溶液澄清后，过滤、弃去 20 mL 的初滤液。

（2）氯离子的去除：移取 100 mL 水样于 100 mL 具塞比色管中，根据测定得到的氯离子含量，加入适量的硫酸银溶液，使之充分混合均匀；避光静置 30 min，使氯化银沉淀凝聚完全，然后用慢速滤纸过滤，弃去 20 mL 初滤液。

如果得不到澄清滤液，可将已经加入硫酸银溶液的水样置于 80℃水浴中加热，充分振荡,使之沉淀凝聚完全,然后再冷却、过滤。

如果需要同时去除有色物质,可以在水样中加入硫酸银溶液并充分振荡摇匀后,加入 2 mL 氢氧化铝悬浮液,充分振荡摇匀,放置片刻,待其沉淀凝聚充分后再过滤。

(3)亚硝酸盐的去除:当水样中亚硝酸盐的含量超过 0.2 mg/L 时,移取 100 mL 水样,向其中加入 1 mL 硫酸溶液(0.5 mol/L)。混合均匀后,滴加高锰酸钾溶液呈现淡红色,并保持 15 min 不褪色(使溶液中亚硝酸盐转化为硝酸盐),在硝酸盐氮的测定结果中减除亚硝酸氮的含量。

3. 校准曲线的绘制

准确移取 0 mL、0.10 mL、0.30 mL、0.50 mL、0.70 mL、1.00 mL、3.00 mL、5.00 mL、7.00 mL、10.0 mL 的硝酸盐氮标准使用液(对应的硝酸盐态氮含量分别为:0 mg、0.001 mg、0.003 mg、0.005 mg、0.007 mg、0.010 mg、0.030 mg、0.050 mg、0.070 mg、0.100 mg),分别置于一系列的 50 mL 具塞比色管中,加水至 40 mL 再加 3 mL 氨水使溶液成碱性,用水稀释、定容至标线,摇动均匀。

以水为参比溶液,选择 10 mm 光程或者 30 mm 光程比色皿(对应的硝酸盐氮含量见表 11-1),在 410 nm 波长处,测定并获得吸光度(扣除空白值)。比色皿的选用与标准溶液体积见表 11-1。

根据测定得到的标准溶液吸光度和对应的硝酸盐氮的含量,绘制校准曲线。

表 11-1 比色皿的选用与标准溶液体积

硝酸盐氮标准溶液体积/mL	硝酸盐氮含量/mg	比色皿光程/mm
0	0	10、30
0.10	0.001	30
0.30	0.003	30
0.50	0.005	30
0.70	0.007	30
1.00	0.010	10、30
3.00	0.030	10
5.00	0.050	10
7.00	0.070	10
10.00	0.100	10

4. 水样的测定

移取 50 mL 预处理过的水样,置于蒸发皿中,用 pH 试纸测定酸碱度,然后根据结果用硫酸溶液(0.5 mol/L)或者氢氧化钠溶液(0.1 mol/L)调节其 pH 值为 8。

将蒸发皿置于水浴中蒸发至干,加入 1 mL 酚二磺酸溶液,用玻璃棒研磨,使蒸发皿中残渣与试剂溶液充分接触,静置片刻后,重复研磨一次,静置 10 min,然后加入约 10 mL 去离子水。

持续搅拌过程中,加入 3~4 mL 氨水,使溶液呈现最深的黄色。如果有沉淀产生,则过滤。然后将溶液转移到 50 mL 具塞比色管中,用水稀释、定容至标线,摇动均匀。根据需要选择 10 mm 光程或者 30 mm 光程比色皿,在 410 nm 波长,以水为空白溶液作参比,测定吸光度。

五、实验结果分析

水样中硝酸盐氮的浓度通过下列方式计算得到,即

$$C = \frac{m}{V} \times 1000$$

式中:C——水样中硝酸盐氮质量浓度,mg/L;

m——根据测定所得吸光度,从校准曲线上查得的硝酸盐氮的含量,mg;

V——水样的体积,mL。

经过氯离子去除预处理操作的水样中的硝酸盐氮浓度的计算为

$$C = \frac{m}{V} \times 1000 \times \frac{V_1 + V_2}{V_1}$$

式中:C——经预处理后水样中硝酸盐氮质量浓度,mg/L;

V_1——经氯离子去除预处理的水样的体积,mL;

V_2——硫酸银溶液的体积,mL。

六、注意事项

(1)如果测定过程中,水样的吸光度超出校准曲线的数值范围,可以将显色溶液用去离子水按比例稀释,然后再按照实验方法测定其吸光度,最终计算硝酸盐氮浓度时要乘以稀释倍数。

(2)相反地,如果吸光度的数值过低,相应的水样中硝酸盐氮的浓度低于 1 mg/L,则应当按具体情况,相应地减少硝酸盐氮标准贮备液体积,使得相对应的标准曲线对应数值点的溶液中浓度分别为 0.20 mg/L、0.40 mg/L、0.80 mg/L、1.00 mg/L、1.20 mg/L。然后再经过水浴蒸干、硝基化、溶液显色等实验操作,测定其相应的吸光度,从而绘制得到数值范围适宜的校准曲线。

七、讨论与思考

(1)如果目标水体中含有硝酸盐氮,同时也检测到有氨氮,说明水体处于怎样的状态?

(2)水样的测定操作中,为什么要预先将其 pH 值调节到弱碱性的状态?

实验十二 水体中总氮的测定

总氮指的是水体中各种形态的无机态氮和有机态氮的含量总和,具体包括硝酸盐氮(NO_3^-)、亚硝酸盐氮(NO_2^-)、氨氮(NH_4^+)等无机氮,以及蛋白质、氨基酸和有机胺等形态存在的有机氮。总氮的含量以每升水中所含氮的毫克数计算。当地表水中氮、磷等物质含量超标时,各种微生物会大量繁殖,浮游生物生长旺盛,由此会导致水体出现富营养化状态。水体中总氮的测定有助于了解、评价水体的污染和自净状况。因此,水中的总氮含量是衡量目标水环境质量的重要指标之一。

一、实验目的

(1)掌握碱性过硫酸钾氧化紫外分光光度法测定总氮的原理和实验操作环节。

(2)熟悉影响总氮测定结果的干扰因素,掌握消除干扰的手段或者方式。

二、实验原理

以江河、湖泊、坑塘、水库为主的地表水体中总氮的测定,可以采用碱性过硫酸钾紫外分光光度法或者气相分子吸收光谱法。本实验采用过硫酸钾作为氧化剂,在120~124℃的碱性条件下,将水样中氨氮、亚硝酸盐氮氧化为硝酸盐氮。同时,也可以将水样中的大部分有机态氮氧化为硝酸盐氮。在波长220 nm和275 nm处,用紫外分光光度计测定其吸光度(A),然后按照$A=A_{220}-KA_{275}$(硝酸根在波长220 nm处具有最大吸收波长,而溶解态的有机物在220 nm和275 nm处均存在吸收,因此需要屏蔽掉有机物在220 nm处的吸收,从而扣除掉溶液相对过量的吸光度量,因此用220 nm处的吸光度减去275 nm处的吸光度。这其中,K作为倍率系数,其经验积累所得的实测数值为2),计算硝酸盐氮的实际吸光度,根据校准曲线查得对应的总氮含量。

三、实验器材与试剂

1. 主要器材

(1)分析天平。

(2)紫外可见分光光度计(10 mm光程比色皿)。

(3)高压蒸汽灭菌器:最高工作压力1.1~1.4 kg/cm²,最高工作温度120~124℃。

(4)具塞比色管:25 mL。

(5)恒温水浴锅。

(6)容量瓶:100 mL、1000 mL。

(7)聚乙烯瓶:100 mL、1000 mL。

(8)移液管:2 mL、5 mL、10 mL。

2. 主要试剂

除非另有说明,实验中所用试剂均为分析纯,操作过程用水均为新制备的去离子水。

(1)氢氧化钠溶液(200 g/L):称取20 g氢氧化钠,溶解于新制备的去离子水中,转移到100 mL容量瓶中,稀释、定容至标线。

（2）氢氧化钠溶液（20 g/L）：移取 10 mL（200 g/L）氢氧化钠溶液于 100 mL 容量瓶中，稀释、定容至标线。

（3）碱性过硫酸钾溶液：分别称取 40 g 过硫酸钾（$K_2S_2O_8$），溶解于新制备的 500 mL 去离子水中（可 50℃水浴加热加速溶解）；称取 15 g 氢氧化钠溶解于 200 mL 新制备的去离子水中。待氢氧化钠溶液冷却至室温后，将两种溶液转移、混合于 1000 mL 容量瓶中，稀释、定容至标线，摇动均匀，后转移到聚乙烯瓶中，可有效保存 1 周备用。

（4）硝酸钾标准贮备液（100 mg/L）：准确称取 0.7218 g 硝酸钾，溶解于水中，转移到 1000 mL 容量瓶中，用水稀释、定容至标线，摇动均匀。加 1~2 mL 三氯甲烷做保护剂，在 0~10℃下、避光放置，可稳定保存 6 个月备用。

（5）硝酸钾标准使用液（10 mg/L）：准确量取 10 mL 硝酸钾标准贮备液（100 mg/L），转移到 100 mL 容量瓶中，用新制备的去离子水稀释至标线，摇动混匀后使用。该溶液需要现用现配。

（6）盐酸溶液：体积比 1∶9。

（7）硫酸溶液：体积比 1∶35。

四、实验步骤

1. 样品的采集与保存

采集目标水体样品后，贮存于聚乙烯瓶中，用浓硫酸酸化至 pH 值为 1~2，常温下可保存 1 周。如需要长时间保存，可将聚乙烯瓶的水样在 −20℃冷冻 1 个月。

2. 校准曲线的绘制

（1）准确移取 0 mL、0.50 mL、1.00 mL、2.00 mL、3.00 mL、5.00 mL、7.00 mL、8.00 mL 硝酸钾标准使用液于 25 mL 具塞比色管中（对应的总氮含量分别为 0 μg、5.0 μg、10.0 μg、20.0 μg、30.0 μg、50.0 μg、70.0 μg、80.0 μg），用去离子水稀释至 10.00 mL 标线。

（2）另向各比色管中分别加入 5.00 mL 碱性过硫酸钾溶液，塞紧管塞，用纱布、线绳包裹并扎紧管塞，防止加热过程中溶液发生沸溅。

（3）将比色管置于高压蒸汽灭菌锅中，加热至顶压阀吹气；然后关阀继续加热，至 120℃开始计时，维持温度在 120~124℃，持续加热 30 min。

（4）自然冷却，开阀放气，移去灭菌锅外盖，取出比色管并冷却至室温。

（5）向每支比色管中分别加入 1.0 mL 盐酸溶液（体积比 1∶9），用去离子水稀释、定容至 25 mL 刻度线，按住管塞将比色管中的液体颠倒混匀 2~3 次。

（6）用 10 mm 光程比色皿，以去离子水为参比溶液，在紫外可见分光光度计上，分别于 220 nm 和 275 nm 波长处测定系列标准溶液的吸光度，用所得吸光度和总氮含量绘制标准曲线。

$$A_b = A_{b\,220} - A_{b\,275}$$
$$A_s = A_{s\,220} - A_{s\,275}$$
$$A_r = A_s - A_b$$

式中：A_b——空白溶液的校正吸光度；

$A_{b\,220}$——空白溶液于 220 nm 波长处测得的吸光度；

$A_{b\,275}$——空白溶液于 275 nm 波长处测得的吸光度；

A_s——标准溶液的校正吸光度；

$A_{s\,220}$——标准溶液在 220 nm 波长处测得的吸光度；

$A_{s\,275}$——标准溶液在 275 nm 波长处测得的吸光度；

A_r——标准溶液校正吸光度与空白溶液校正后所得的吸光度差值。

3. 水样的测定

准确移取 10 mL 水样(或者适量体积水样,使其中总氮含量为 20～80 μg)置于 25 mL 具塞比色管中,加入 5 mL 碱性过硫酸钾溶液,塞紧管塞,用纱布、线绳包裹并扎紧管塞。将比色管置于高压蒸汽灭菌锅中,加热至顶压阀吹气,然后关阀继续加热至 120℃开始计时,维持温度在 120～124℃,持续加热 30 min。

待蒸汽灭菌锅自然冷却后,开阀放气,移去灭菌锅外盖,取出比色管并冷却至室温。向比色管中加入 1.0 mL 盐酸溶液(体积比 1∶9),用去离子水稀释、定容至标线,按住管塞将比色管中溶液颠倒混匀 2～3 次。

用 10 mm 光程比色皿,以去离子水为参比溶液,用紫外可见分光光度计分别于 220 nm 和 275 nm 波长处,测定水样的吸光度值。

五、实验结果分析

根据测定所得吸光度值,在校准曲线上查得对应的总氮含量,然后根据下式计算目标水样的总氮浓度,即

$$\rho = \frac{m}{V} \cdot f$$

式中：ρ——目标水样总氮质量浓度,mg/L；

m——根据吸光度值在校准曲线上查得的总氮含量,μg；

V——水样的体积,mL；

f——水样的稀释倍数。

六、注意事项

(1) 实验操作应在无氨干扰的环境中开展,避免交叉污染对测定结果产生影响。

(2) 在使用蒸汽灭菌锅的过程中,要注意安全、规范操作,冷却后放气要均匀缓慢进行。

(3) 比色管在高压蒸汽锅消解过后,如果管口或管塞有裂纹或者破裂现象发生,应当重新取样进行消解操作。

(4) 实验中使用的玻璃器皿,均须用盐酸溶液(体积比 1∶9)浸泡,用自来水清洗后再用新制备的去离子水或者无氨水反复冲洗,然后立即使用,确保无氨污染。

(5) 在碱性过硫酸钾溶液配制过程中,温度过高会导致其分解失效,因此应待氢氧化钠溶液冷却至室温后,再将其与过硫酸钾溶液混合、稀释并定容。同时,在水浴过程中需要控制温度不超过 60℃。

七、讨论与思考

(1) 在实验操作过程中,有哪些潜在的造成氮污染的环节或者因素,如何避免?

(2) 在溶液的配制操作中,为什么用新制备的去离子水而不用蒸馏水?

实验十三　水中化学需氧量的测定

化学需氧量(COD)指的是通过化学方法测量水样中有机污染物被强氧化剂氧化时所需的含氧量,用来表示水中耗氧型污染物的量。水样在一定条件下,用氧化 1 L 水样中还原性物质所消耗的氧化剂的量为指标,折算成每升水样的耗氧物质被全部氧化后需要的氧的毫克数(mg/L)表示。化学需氧量反映了水中受还原性物质污染的程度。因为水体中的有机污染物是相当普遍的,所以化学需氧量也作为有机物相对含量的综合指标之一。但是,水体中并不是所有的有机物都能被氧化,因此化学需氧量并不能反映多环芳烃、多氯联苯、二噁英等不易发生氧化的污染物的状况。

一、实验目的

(1) 掌握重铬酸钾法测定水样中化学需氧量的原理和步骤流程。

(2) 熟悉影响测定结果准确性的因素以及实现质量保证的方式手段。

二、实验原理

在强酸性溶液中,水中的还原性物质被一定量的重铬酸钾氧化。以试亚铁灵溶液作指示剂,用硫酸亚铁铵溶液滴定过量的重铬酸钾。根据硫酸亚铁铵用量,就可以得到相对应的重铬酸钾的使用量,也就相应地计算得到了水样中的还原物质消耗氧的量。

酸性的重铬酸钾溶液具有很强的氧化性,可以氧化大部分的有机物质,在加入硫酸银作催化剂的条件下,可以完全氧化直链脂肪族化合物。但是多环芳烃等芳香族化合物不易被氧化,吡啶等不能被氧化。挥发性直链脂肪族化合物和苯等可存在于蒸气相中的化合物,由于不能与氧化剂充分接触,所以氧化不明显。水样中的无机还原性物质,如亚硝酸盐、硫化物、二价铁盐等,会使得测定结果增大,其需氧量也是 COD_{Cr}(用重铬酸钾作为氧化剂测定出的化学耗氧量)的一部分。另外,氯离子能被重铬酸钾氧化,并且能与硫酸银发生反应产生沉淀,从而影响测定结果。因此,在加热回流前需要向水样中加入硫酸汞,使之与氯离子反应生成络合物,从而消除干扰。

三、实验器材与试剂

1. 主要器材

(1) 分析天平。

(2) 砂芯抽滤瓶。

(3) 循环水式真空泵。

(4) 滴定台:50 mL 酸式滴定管。

(5) 电热炉。

(6) 回流装置:磨口锥形瓶(250 mL)、冷凝管。

(7) 容量瓶:100 mL、1000 mL。

(8) 锥形瓶:250 mL。

(9) 移液管:5 mL、10 mL、25 mL。

(10) 滴管。

2. 主要试剂

除非另有说明,实验中所用试剂均为分析纯,所用水均为新制备的去离子水。

(1) 重铬酸钾标准贮备液(1/6 $K_2Cr_2O_7$,0.25 mol/L):准确称取 12.258 g 重铬酸钾(优级纯,120℃下烘干 2 h)溶解于水中,转移、稀释、定容于 1000 mL 容量瓶中,摇动均匀、备用。

(2) 重铬酸钾标准使用液(1/6 $K_2Cr_2O_7$,0.025 mol/L):移取 100 mL 重铬酸钾标准贮备液,置于 1000 mL 容量瓶中,用水稀释、定容至标线,摇动均匀、备用。

(3) 试亚铁灵指示剂:准确称量 1.458 g 1,10-菲罗啉(一水合物)($C_{12}H_8N_2 \cdot H_2O$)、0.695 g 七水合硫酸亚铁($FeSO_4 \cdot 7H_2O$),用水溶解、转移、稀释并定容于 100 mL 容量瓶中,在棕色瓶中贮存备用。

(4) 硫酸亚铁铵标准贮备液(约为 0.05 mol/L):称取 19.5 g 六水合硫酸亚铁铵 $[(NH_4)_2Fe(SO_4)_2 \cdot 6H_2O]$ 溶于适量水中,持续搅拌过程中,缓慢加入 10 mL 浓硫酸,待溶液冷却后,转移并用水稀释、定容于 1000 mL 容量瓶中,摇动均匀、备用(用前,用重铬酸钾标准贮备液标定)。

浓度标定方法:准确移取 5 mL 重铬酸钾标准贮备液(0.25 mol/L)于 250 mL 锥形瓶中,用水稀释至约 50 mL,缓慢加入 15 mL 浓硫酸,摇动均匀。加入 3 滴试亚铁灵指示剂,用硫酸亚铁铵标准贮备液(约为 0.05 mol/L)滴定,当锥形瓶内溶液颜色由黄色变为蓝绿色再变为红褐色停止滴定。

根据下式计算硫酸亚铁铵标准贮备液的真实浓度,即

$$C = \frac{1.25}{V}$$

式中:C——硫酸亚铁铵标准贮备液摩尔浓度,mol/L;

V——硫酸亚铁铵标准贮备液用量,mL。

每次使用前,临时标定硫酸亚铁铵标准贮备液的浓度。

(5) 硫酸亚铁铵标准使用液(约为 0.005 mol/L):移取 100 mL 硫酸亚铁铵标准贮备液,置于 1000 mL 容量瓶中,用水稀释、定容至标线。

每次实验临用前,用上述相同的标定方法,用重铬酸钾标准使用液(0.025 mol/L)标定浓度。

(6) 硫酸-硫酸银溶液:称取 25 g 硫酸银,加入 2500 mL 浓硫酸中。静置 1～2 d,其间不定时摇动使之溶解,备用。

(7) 硫酸汞固态粉末。

(8) 邻苯二甲酸氢钾标准溶液($KC_8H_5O_4$,2.0824 mmol/L):准确称取(105℃下,干燥 2 h)邻苯二甲酸氢钾 0.4251 g 溶解于水中,转移至 1000 mL 容量瓶中,用水稀释、定容至标线,摇动均匀、备用。

该标准溶液理论的 COD_{Cr} 值为 500 mg/L(以重铬酸钾为氧化剂,将邻苯二甲酸氢钾完全氧化的 COD_{Cr} 值为 1.176 g。即 1 g 邻苯二甲酸氢钾耗氧 1.176 g)。

(9) 玻璃珠或者沸石。

四、实验步骤

1. 样品的采集与保存

从目标水体中采集的水,应盛存于玻璃瓶中,并尽快分析。如不能立即分析,应加入浓

硫酸,并调节 pH 值小于 2,于 4℃下,密封、避光保存不超过 5 d。

2. 水样的预处理

(1) 将 10 mL 水样置于 250 mL 磨口锥形瓶中,向瓶中加入 10.00 mL 重铬酸钾标准使用液(0.025 mol/L)、0.4 g 硫酸汞、几粒玻璃珠(或洗净的沸石),轻轻摇匀。

(2) 连接磨口冷凝管,自冷凝管上口缓慢加入 15 mL 硫酸-硫酸银溶液,轻轻摇动锥形瓶使溶液均匀。加热沸腾时开始计时,回流反应 2 h。另外,水冷装置应在加入硫酸-硫酸银溶液之前通入冷凝水。

3. 水样的测定

(1) 回流结束后,待锥形瓶内溶液冷却,自冷凝管上口加水冲洗冷凝管壁,保证锥形瓶内溶液体积在 70 mL 左右。

(2) 取下锥形瓶,待瓶中溶液彻底冷却后,加入 3 滴试亚铁灵指示剂溶液,用标定好的硫酸亚铁铵标准溶液滴定,当溶液颜色由黄色变为蓝绿色再变为红褐色时作为滴定终点,记录硫酸亚铁铵标准溶液的消耗体积。

4. 空白试样的测定

用相同的操作步骤,以 10 mL 新制备的去离子水替代水样做空白实验,记录滴定空白时的硫酸亚铁铵标准溶液消耗的体积。

需要注意的是:如果水样中 COD_{Cr} 浓度大于 50 mg/L,同样移取 10.0 mL 水样,置于 250 mL 锥形瓶中,依次加入硫酸汞溶液、重铬酸钾标准使用液(0.025 mol/L)5.00 mL,放入几颗防暴沸玻璃珠,摇动均匀。其他操作与低浓度水样相同,加热消解结束后,待溶液冷却至室温,滴加入 3 滴试亚铁灵指示剂,用硫酸亚铁铵标准贮备液滴定。当溶液的颜色由黄色经蓝绿色变为红褐色作为滴定终点,记录消耗硫酸亚铁铵标准溶液的体积。

五、实验结果分析

水样中化学需氧量根据下式计算,即

$$COD_{Cr} = \frac{(V_0 - V_1) \cdot C \times 8 \times 1000}{V}$$

式中:C——硫酸亚铁铵标准溶液摩尔浓度,mol/L;

V_0——滴定空白时硫酸亚铁铵标准溶液用量,mL;

V_1——滴定水样时硫酸亚铁铵标准溶液用量,mL;

V——水样体积,mL;

8——氧(O)的摩尔质量,g/mol;

COD_{Cr}——水样中化学需氧量,mg/L。

当 COD_{Cr} 测定结果小于 100 mg/L 时,结果保留至整数位;当测定结果数值不小于 100 mg/L 时,结果保留 3 位有效数字。

六、注意事项

(1) 每个水样至少做两个空白试样。

(2) 水样用量可以为 10.00~50.00 mL,相关试剂的用量及配制浓度可参考水样与试剂用量表 13-1 根据实际情况需要做优化调整。

表 13-1　水样取用体积与试剂用量

水样体积/mL	重铬酸钾标准使用液 (0.025 mol/L)体积/mL	硫酸-硫酸银 溶液体积 /mL	硫酸汞 用量/g	硫酸亚铁 铵浓度 /(mol/L)	滴定前溶 液体积/mL
10.0	5.0	15	0.2	0.050	70
20.0	10.0	30	0.4	0.100	140
30.0	15.0	45	0.6	0.150	210
40.0	20.0	60	0.8	0.200	280
50.0	25.0	75	1.0	0.250	350

（3）消解时应使溶液缓慢沸腾，不宜暴沸。如出现暴沸，说明溶液中出现局部过热，会导致测定结果有误。暴沸的原因可能是加热过于激烈，或是防暴沸玻璃珠的效果不好。

（4）试亚铁灵指示剂的加入量虽然不影响临界点，但应该尽量一致。当溶液的颜色先变为蓝绿色再变到红褐色即达到终点，几分钟后可能还会重现蓝绿色。

（5）回流冷凝管不能用软质乳胶管，否则容易老化、变形、冷却水不通畅。另外，用手摸冷却水时不能有温感，否则冷却效果不充分，会导致测定结果偏低。

（6）实验确保安全，操作前检查装置完整性、气密性，保证管路通畅性和稳定性。滴定过程中均匀摇动锥形瓶，避免洒溅，避免瓶口、内壁出现明显的溶液挂壁现象。

七、讨论与思考

消解过程中，影响水样中物质消解效果的因素有哪些？如何保证水样充分消解？

实验十四 水中高锰酸盐指数的测定

高锰酸盐指数是指在酸性或碱性介质中,以高锰酸钾为氧化剂,处理水样时所消耗的氧化剂的量,通常被作为掌握地表水体有机污染物和还原性无机物质污染程度的综合指标。即在一定条件下,用高锰酸钾氧化水样中的某些有机污染物及亚硝酸盐、亚铁盐、硫化物等无机还原性物质,由消耗的高锰酸钾量计算相当的氧量。高锰酸钾指数不能作为理论需氧量或总有机物含量的指标,因为在规定的条件下,许多有机物只能部分地被氧化,易挥发的有机物不包含在测定值之中。以高锰酸钾溶液为氧化剂测得的化学需氧量,以前称作锰法化学耗氧量。我国新的环境水质标准中,已把该值改称高锰酸盐指数,而仅将酸性重铬酸钾法测得的值称为化学需氧量。国际标准化组织(International Organization for Standardization, ISO)建议高锰酸钾法仅限于测定地表水、饮用水和生活污水,不适用于测定工业废水。

一、实验目的

(1)掌握酸性高锰酸盐指数测定的基本原理和操作方法。

(2)明确高锰酸盐指数方法的适用水体对象。

二、实验原理

水样中加入已知量的硫酸和高锰酸钾,在沸水浴中加热反应 30 min,高锰酸钾会将水样中的某些有机物和无机还原性物质氧化。反应过后,加入过量的草酸钠溶液还原剩余的高锰酸钾,再用高锰酸钾使用液回滴过量的草酸钠。通过计算可得到水样中的高锰酸盐指数值。

通过实验的基本原理作用过程可以看出,高锰酸盐指数是一个相对的条件性指标,其测定结果与溶液的酸度、高锰酸盐浓度、加热温度以及加热时间有关。因此,在实验测定过程中,必须严格遵守操作规定,使结果具有可比性。

三、实验器材与试剂

1. 主要器材

(1)分析天平。

(2)烘箱。

(3)电热炉。

(4)玻璃砂芯漏斗(G_3)。

(5)酸式滴定管:50 mL。

(6)水浴锅。

(7)锥形瓶:250 mL。

(8)容量瓶:100 mL、1000 mL。

(9)移液管:5 mL、10 mL。

(10)滴管。

2. 主要试剂

除非另有说明,实验所用试剂均为分析纯,实验用水均为蒸馏水,而不用去离子水。

(1) 高锰酸钾贮备液(1/5 $KMnO_4$ 浓度约为 0.1 mol/L):称取 3.2 g 高锰酸钾溶解于 1.2 L 蒸馏水中,加热微沸使溶液体积减至略少于 1 L,置于暗处冷却过夜;溶液用玻璃砂芯漏斗(G_3)过滤,滤液转移到 1 L 棕色容量瓶中,稀释、定容、保存备用。使用前,用草酸钠标准贮备液(0.1000 mol/L)标定,得到实际浓度。

(2) 高锰酸钾使用液(1/5 $KMnO_4$ 浓度约为 0.01 mol/L):移取 100 mL 高锰酸钾贮备液(1/5 $KMnO_4$ 浓度约为 0.1 mol/L),置于 1000 mL 棕色容量瓶中,用蒸馏水稀释、定容至标线,暗处保存、备用。使用当天用草酸钠标准溶液标定实际浓度。

(3) 硫酸(体积比 1∶3)溶液:持续搅拌过程中,将 100 mL 硫酸缓慢加入 300 mL 蒸馏水中;均匀配置后,趁热滴加数滴高锰酸钾溶液,直至溶液呈现粉红色。

(4) 草酸钠标准贮备液(1/2 $Na_2C_2O_4$,0.1000 mol/L):准确称取 0.6705 g 优级纯草酸钠(120℃下烘干 2 h),溶解于蒸馏水中,转移到 100 mL 容量瓶中,用蒸馏水稀释、定容至标线。

(5) 草酸钠标准溶液(1/2 $Na_2C_2O_4$,0.01000 mol/L):准确移取 10.00 mL 草酸钠标准贮备液,置于 100 mL 容量瓶中,用蒸馏水稀释、定容至标线。

四、实验步骤

1. 样品的采集与保存

水样在目标水体的现场采集后,应适量滴加硫酸溶液(体积比 1∶3),调节水样的 pH 值为 1～2,从而抑制微生物活动。样品应尽快分析,如果保存时长超过 6 h,则须将样品在 0～5℃下,避光冷藏保存,时间不超过 2 d。

2. 水样的氧化与测定

充分摇动水样使之混合均匀,移取 100 mL 水样于 250 mL 锥形瓶中。如果水样中高锰酸盐指数超过 10 mg/L,则需要适量减少取样体积,并将其用水稀释到 100 mL,再测定。

加入 5 mL 硫酸溶液(体积比 1∶3),混合均匀;用滴定管加入 10.00 mL 高锰酸钾使用液(1/5 $KMnO_4$ 约为 0.01 mol/L),摇动均匀;将锥形瓶置于沸水浴中加热 30 min。水浴重新沸腾时,开始计时,且水浴液面要高于锥形瓶内反应溶液的液面。

水浴加热结束后,向锥形瓶中加入 10 mL 草酸钠标准溶液,摇动均匀。趁热用高锰酸钾使用液滴定至刚好出现粉红色,且保持 30 s 不褪色,记录高锰酸钾使用液的消耗体积。

另外,如果水样经过稀释,则应用 100 mL 蒸馏水代替样品,相同条件下进行空白实验操作。

3. 高锰酸钾使用液浓度(溶液的校正系数 K)的测定

将空白试验滴定完成后的溶液加热至 70～80℃,准确加入 10 mL 草酸钠标准溶液;用高锰酸钾使用液滴定至刚出现粉红色,且保持 30 s 不褪色,记录高锰酸钾使用液的消耗体积。

高锰酸钾使用液的浓度校正系数

$$K = \frac{10}{V}$$

式中:V——高锰酸钾使用液的消耗体积,mL。

五、实验结果分析

水样中高锰酸盐指数以每升水样消耗氧量来表示（O_2，mg/L），即

$$I_{Mn} = \frac{[(10+V_1)K-10] \times M \times 8 \times 1000}{100}$$

式中：I_{Mn}——高锰酸盐指数，mg/L；

V_1——滴定水样时，高锰酸钾使用液的消耗体积，mL；

K——高锰酸钾使用液的浓度校正系数；

M——草酸钠标准溶液的摩尔浓度，mol/L；

8——氧的摩尔质量，g/mol。

如果水样经过稀释，指数的计算公式如下：

$$I_{Mn} = \frac{\{[(10+V_1)K-10] - [(10+V_0)K-10] \times C\} \times M \times 8 \times 1000}{V_2}$$

式中：V_0——空白实验中，高锰酸钾使用液的消耗体积，mL；

V_1——滴定水样时，高锰酸钾使用液的消耗体积，mL；

V_2——适量少取时，水样的取样体积，mL；

K——高锰酸钾使用液的浓度校正系数；

M——草酸钠标准溶液的摩尔浓度，mol/L；

8——氧的摩尔质量，g/mol；

C——稀释的水样中含有的蒸馏水的比值，例如，移取 10 mL 水样，用 90 mL 蒸馏水稀释至 100 mL，则比值 C 为 0.9。

六、注意事项

（1）水样的混合溶液，在水浴中加热完成后，溶液应保持淡红色，如果颜色变浅或者完全褪色，说明高锰酸钾溶液的用量不够。同时，说明水样中需要氧化的物质含量较高。因此，需要重新适量取样，将水样按比例稀释后，再重新测定。经过加热氧化后，以残留的高锰酸钾为原来加入量的 1/3～1/2 为宜。

（2）在滴定的过程中，溶液的温度应保持在 60～80℃，如果温度低于 60℃，反应速度缓慢，影响实验效果。因此，滴定操作必须趁热进行，溶液温度过低时，需适当加热保温。

七、讨论与思考

（1）酸性高锰酸盐指数法与重铬酸钾法的异同点有哪些？

（2）为什么高锰酸盐指数适用于表征饮用水、水源水等水体的测定，而不适用于测定工业废水？

实验十五　废水中硝基苯类化合物的测定

硝基苯是一种无色或者微黄色、具有苦杏仁气味的有机化合物。硝基苯密度比水大,难溶于水但脂溶性高,因此易溶于二氯甲烷、乙醇、苯等有机试剂。硝基苯稳定性差,遇到明火或者高温会燃烧甚至爆炸。硝基苯作为重要的工业原料试剂,在印染、化工、制药、炸药、颜料等工业生产制造中广泛并大量使用。硝基苯可以与硝酸剧烈反应,容易生成含有 1～3 个硝基的不同化合物,因此硝基苯及其相关化合物种类多样,在工业废水中普遍存在。硝基苯及其相关化合物具有较强的毒性和不同程度的挥发性,一旦大量吸入,或者皮肤沾染接触,可引起急性中毒。它们可使血红蛋白氧化或络合,血液因此会变成深棕褐色,人体会产生头痛、恶心、呕吐等症状。长期接触甚至摄入硝基苯类化合物,还会导致人体的基因突变,危害生殖健康,给人体健康带来巨大的威胁和潜在风险。

一、实验目的

（1）掌握废水中硝基苯类化合物的气相色谱测定方法原理和实验操作步骤。

（2）熟悉火焰离子化检测器（flame ionization detector,FID）的工作原理和气相色谱的基本操作使用。

二、实验原理

水体中硝基苯类有机化合物的检测主要采用的是气相色谱法、气相色谱-质谱法、高效液相色谱法。本次实验采用的是液液萃取,气相色谱检测的方式。利用二氯甲烷萃取水样中的硝基苯类化合物,萃取液经脱水和浓缩后,用气相色谱 FID 进行测定,然后结合校准曲线,利用化学工作站得到试样中的目标物浓度,然后根据水样体积进而计算得到目标物的实际浓度。在硝基苯类化合物中,2,4,6-三硝基苯甲酸的水溶性强,而在加热时会脱掉羧基转化为 1,3,5-三硝基苯。因此,将经过二氯甲烷萃取后的水相收集并加热煮沸,然后再用二氯甲烷萃取并单独测定,得到 2,4,6-三硝基苯甲酸的浓度测定结果。

三、实验器材与试剂

1. 主要器材

（1）分析天平。

（2）气相色谱仪:FID,自动进样器,化学工作站。

（3）真空旋转蒸发仪。

（4）氮吹仪:10 mL 尖底刻度玻璃管,或者玻璃刻度浓缩瓶。

（5）电热炉。

（6）台式循环水真空泵。

（7）水平振荡器。

（8）分液漏斗:500 mL。

（9）马弗炉。

（10）锥形瓶:1000 mL。

(11) 容量瓶：25 mL、50 mL。

(12) 移液管：1 mL、2 mL、5 mL、10 mL。

(13) 滴管。

(14) 顶空瓶：1.5 mL。

(15) 冰箱。

2. 主要试剂

除非另有说明,实验中所用试剂均为分析纯,操作中试剂配制等用水均为新制备的高纯水。

(1) 二氯甲烷：色谱纯。

(2) 乙酸乙酯：色谱纯。

(3) 无水硫酸钠：取适量的无水硫酸钠置于坩埚中,在马弗炉中350℃下灼烧4 h,待其冷却至室温后,转移到玻璃瓶中,阴凉干燥处保存、备用。

(4) 硝基苯类混合溶液标准物质(简称"混标")：市售购买的含有硝基苯、2-硝基苯、3-硝基苯、4-硝基苯、1,2-二硝基苯、1,3-二硝基苯、1,4-二硝基苯、1,3,5-三硝基苯、2,4,6-三硝基苯等在内的硝基苯类化合物标准品(1 g/L)。

将该硝基苯混标溶液转移到50 mL容量瓶中,用二氯甲烷冲洗混标样品瓶,将洗涤液一并转移到容量瓶中,用二氯甲烷稀释、定容至标线,置于冰箱中4℃下,密封、避光、冷藏保存,以备配制标准溶液用。

(5) 硝基苯类化合物标准使用液：用二氯甲烷配制系列浓度为5 μg/mL、10 μg/mL、20 μg/mL、40 μg/mL、60 μg/mL、120 μg/mL的标准溶液,或者按照水样中目标物的含量范围,配制符合测定需要的标准系列溶液。

四、实验步骤

1. 水样的采集与保存

将采集所得水样置于采样瓶中,用浓盐酸将水样pH值调至4左右,当天分析检测。如果水样不能在当天分析测定,则应当调节水样的pH值不大于3。将水样置于冰箱中,在4℃下密封、避光、冷藏,保存待处理分析。保存的水样必须在7 d内完成萃取操作,萃取液可冷藏保存待测,但是必须在30 d内完成测试分析。

2. 试样的处理

移取500 mL水样(视水样目标物含量,酌情移取适量体积),置于500 mL分液漏斗中,加入25 mL二氯甲烷,振荡3~5 min(其间排气2~3次)。

将分液漏斗静置5~10 min,将下层二氯甲烷萃取液转移至锥形瓶中；重新移取25 mL二氯甲烷,添加到分液漏斗中,重复萃取一次,同样将二氯甲烷转移并收集到锥形瓶中。

将萃取液经无水硫酸钠柱脱水干燥后,取定量的二氯甲烷溶液,转移至旋蒸瓶中,用真空旋转蒸发仪将溶液浓缩至小于1 mL,然后用5~8 mL二氯甲烷冲洗旋蒸瓶内壁,并转移到尖底刻度玻璃管中,置于氮吹仪中,水浴低于40℃下,氮吹浓缩至体积小于1 mL、定容至1 mL,转移到顶空瓶中,冰箱中4℃下密封、避光、冷藏,保存、备测。

3. 校准曲线的绘制

将配置得到的硝基苯类化合物标准溶液系列,分别移取1~1.5 mL溶液到顶空瓶中,在设定条件下,利用气相色谱仪检测,记录各硝基苯类化合物的出峰时间和对应的峰面积。

根据各目标化合物的溶液中浓度、对应的峰面积,作为横、纵坐标,绘制校准曲线。

色谱检测参考条件(或者根据目标物测试实际需要,调整相关参数)如下:

气相色谱柱:DB-35 ms,30 m×0.32 mm×0.25 μm。

载气:高纯氮气,1 mL/min。

进样口温度:230℃。

柱箱温度:60℃,保持 4 min;60~220℃,20℃/min,保持 3 min。

进样方式:不分流进样。

进样量:1 μL。

检测器:FID,250℃。

4. 试样的测定

相同的检测条件下,利用气相色谱测定试样中各硝基苯类目标化合物,根据化学工作站得到相应的试样中目标物含量,再根据水样体积计算得到水体中各硝基苯类目标化合物的实际浓度。

以高纯水为参比溶液,用相同步骤处理过后,在相同的分析条件下开展空白检测。

五、实验结果分析

水样中硝基苯类目标化合物的浓度,可以根据下式计算得到,即

$$\rho_i = \frac{\rho_{标} \times V_1}{V}$$

式中:ρ_i——样品中某硝基苯类化合物质量浓度,mg/L;

　　$\rho_{标}$——由标准曲线计算所得的浓度值,mg/L;

　　V_1——萃取液浓缩后的定容体积,mL;

　　V——水样体积,mL。

六、注意事项

(1)二氯甲烷、硝基苯类化合物均有毒。在实验过程中,溶液配制、旋蒸、氮吹等操作应在通风橱中操作。规范操作,确保安全,同时做好个人防护,避免皮肤接触、入口。

(2)气相色谱检测硝基苯类化合物,也可以采用氮磷检测器(nitrogen phosphorus detector,NPD)或者电子捕获检测器(electron capture detector,ECD)。对于 NPD,样品在进样检测前,务必做好脱水处理,防止检测器中的铷珠遇水受损,影响测试。

(3)如果水样中检测目标物为 2,3,6-三硝基苯甲酸,在经过与其他硝基苯类化合物相同的处理步骤后,将萃取中得到的水相溶液合并收集到 1000 mL 的锥形瓶中,置于电热炉上加热微沸 20 min。

待溶液冷却至室温后,再重复萃取其他硝基苯类化合物的步骤,得到二氯甲烷的萃取试样后,在相同的色谱条件下测定 2,3,6-三硝基苯甲酸的水样中含量。

(4)如果水样中目标物的含量相对较高,也可以采用振荡萃取的方式,即移取适量水样,置于 50 mL 的带盖聚四氟乙烯离心管(或者带聚四氟乙烯衬垫盖子的玻璃离心管)中,加入一定体积的二氯甲烷溶剂,置于水平振荡器上,室温下 150 r/min 振荡 10 min,将离心管静置 5~10 min,用尖嘴吸管将下层二氯甲烷溶液吸取、转移到旋蒸瓶中。

另外,移取相同体积的二氯甲烷溶剂,置于离心管中,根据实际需要重复萃取操作 1~2

次。同样,将溶液静置、清晰分层后,吸取下层二氯甲烷溶剂,转移、合并到旋蒸瓶中,然后以相同操作方式,相继完成浓缩、氮吹、定容等试样的预处理操作,以及试样的气相色谱分析检测。

七、讨论与思考

(1) 在水样的预处理过程中,如何保证水样中目标物的萃取效果?

(2) 如果水样中有其他有机化合物杂质存在,在色谱分析的过程中,如何实现目标物的有效分离和定性识别?

Ⅱ 空气和废气中监测指标的测定

实验十六 空气中二氧化硫的测定

　　清洁的空气是人类在内的各种生物正常生存和生活的必要条件之一。但是,工业化以来对于电力等能源的惊人需求,导致了每年煤炭、石油等化石能源的巨大消耗,从而使得大量包括二氧化硫在内的气体污染物进入大气环境,不同程度地造成了空气污染和质量下降。二氧化硫不但会污染空气,而且会给动植物生长生存和人类健康带来危害和潜在风险。当空气中二氧化硫含量在 0.5 mg/L 以上时即对人体产生潜在影响,超过 1 mg/L 时多数人会产生刺激反应,达到 400 mg/L 时就会导致人出现肺水肿甚至死亡。另外,二氧化硫与空气中的水分结合会形成酸雨,严重威胁动植物生存和粮食作物生产。作为重要的前提物,二氧化硫能够与空气中的其他气体污染物和颗粒物反应,产生大量的二次颗粒物,从而造成和加重大气污染,进而造成更加严重的空气质量恶化。因此,开展空气中二氧化硫的分析测定,对了解大气环境污染状况,改善和控制空气质量,保证人体健康具有重要的意义。

一、实验目的

　　(1)掌握甲醛吸收-副玫瑰苯胺分光光度法测定空气中二氧化硫的原理和操作步骤。
　　(2)掌握利用采样器采集气样的操作手段,熟悉影响空气中二氧化硫采集质量的因素。

二、实验原理

　　空气和废气中二氧化硫的测定方法主要有甲醛吸收-副玫瑰苯胺分光光度法、四氯汞盐-副玫瑰苯胺分光光度法、紫外荧光法、便携式紫外吸收法、定电位电解法、非分散红外吸收法和碘量法等。本次实验通过甲醛吸收-副玫瑰苯胺分光光度法测定空气中二氧化硫。实验利用甲醛缓冲溶液吸收空气中的二氧化硫,两者反应生成稳定的羟甲基磺酸加成化合物。向吸收溶液中加入氢氧化钠,可以使与甲醛反应生成的羟甲基磺酸加成化合物分解,同时释放出二氧化硫。释放产生的二氧化硫会与盐酸副玫瑰苯胺、甲醛作用,继而生成紫红色的化合物。用分光光度计在 577 nm 波长处测量试样溶液的吸光度,对应得到吸收液中二氧化硫含量,进而通过计算得到空气中二氧化硫的实际浓度。

三、实验器材与试剂

　　1. 主要器材
　　(1)分析天平。
　　(2)空气采样器:短时间的采样器,流量 0.1~1 L/min;24 h 连续采样器,流量 0.1~0.5 L/min。
　　(3)恒温水浴锅。
　　(4)多孔玻璃板吸收管:短时间采样用 10 mL 规格吸收管,24 h 连续采样用 50 mL 吸收管。

　　(5) 具塞比色管:10 mL、50 mL。

　　(6) 电热炉。

　　(7) 冰箱。

　　(8) 分光光度计(10 mm 光程比色皿)。

　　(9) 烘箱。

　　(10) 棕色容量瓶:100 mL、500 mL、1000 mL。

　　(11) 碘量瓶:250 mL。

　　(12) 滴定台:酸碱滴定管(50 mL)。

　　(13) 聚乙烯瓶。

　　(14) 移液管:2 mL、5 mL、10 mL、25 mL。

　　(15) 滴管。

　　2. 主要试剂

　　除非另有说明,实验中所用试剂均为分析纯,溶液配制等用水均为新制备的去离子水。

　　(1) 氢氧化钠溶液(1.5 mol/L):称取 6 g 氢氧化钠溶于水中,搅拌均匀,待其冷却后,转移到 100 mL 容量瓶中,用水稀释、定容至标线、摇动均匀,然后转移到聚乙烯瓶中保存、备用。

　　(2) 环己二胺四乙酸二钠溶液(CDTA-2Na,0.05 mol/L):准确称取 1.82 g 反式 1,2-环己二胺四乙酸,置于适量水中,加入 6.5 mL 氢氧化钠溶液(1.5 mol/L),转移到 100 mL 容量瓶中,用水稀释、定容至标线、摇动均匀,备用。

　　(3) 甲醛缓冲吸收贮备液:准确称取 2.04 g 邻苯二甲酸氢钾,溶于少量水中。分别移取 5.5 mL 甲醛溶液(质量分数 36%~38%)、20 mL 环己二胺四乙酸二钠溶液(CDTA-2Na,0.05 mol/L),将其与新配制的邻苯二甲酸氢钾溶液合并,转移到 100 mL 容量瓶中,用水稀释、定容至标线、摇动均匀,于冰箱中冷藏放置,可有效保存 1 年备用。

　　(4) 甲醛缓冲吸收液:将甲醛缓冲吸收贮备液用水稀释 100 倍(移取 5 mL 甲醛缓冲吸收贮备液,置于 500 mL 容量瓶中,用水稀释、定容至标线、摇动均匀,备用)。该缓冲溶液需要现用现配。

　　(5) 氨基磺酸钠溶液(NaH_2NSO_3,6.0 g/L):准确称取 0.6 g 氨磺酸(H_2NSO_3H),置于 100 mL 烧杯中,加入 4 mL 氢氧化钠(1.5 mol/L)溶液,用水搅拌至完全溶解后,转移到 100 mL 容量瓶,用水稀释、定容至标线、摇动均匀。在冰箱中密封、避光保存,可有效保存 10 d 备用。

　　(6) 碘贮备液($1/2\ I_2$,0.10 mol/L):分别准确称取 12.7 g 碘、40 g 碘化钾,置于烧杯中,加入 25 mL 水,持续搅拌至药剂完全溶解,转移到 1000 mL 棕色细口瓶中,用水稀释、定容至标线、摇动均匀,备用。

　　(7) 碘溶液($1/2\ I_2$,0.01 mol/L):移取碘贮备液 50 mL,置于 500 mL 棕色细口瓶中,用水稀释、定容至标线、摇动均匀,备用。

　　(8) 淀粉溶液(5 g/L):准确称取 0.5 g 可溶性淀粉,置于 150 mL 烧杯中,用少量水调成糊状,然后向其中缓慢倒入 100 mL 沸水,继续煮沸至溶液澄清,待其冷却后,转移并贮存于试剂瓶中,备用。实验中该溶液需要现用现配。

　　(9) 碘酸钾标准溶液($1/6\ KIO_3$,0.1 mol/L):准确称取 3.5667 g 碘酸钾(KIO_3)溶于

水中,待其完全溶解后,转移到 1000 mL 容量瓶中,用水稀释、定容至标线,摇动均匀,备用。

(10) 盐酸溶液(1.2 mol/L):在通风橱内,移取 100 mL 浓盐酸,溶解到适量水中,然后转移到 1000 mL 容量瓶中,用水稀释、定容至标线,摇动均匀,备用。

(11) 硫代硫酸钠标准贮备液(0.1 mol/L):准确称取 25 g 五水合硫代硫酸钠($Na_2S_2O_3 \cdot 5H_2O$),溶解于 1000 mL 新煮沸的冷却水中,加入 0.2 g 无水碳酸钠,转移到棕色细口瓶中,放置 1 周后备用。如果溶液呈现混浊,则必须过滤。

标定浓度:分别移取 3 份碘酸钾标准溶液,每份 20 mL,将其分别置于 3 个 250 mL 碘量瓶中;各加 70 mL 新煮沸的冷却水,各加 1 g 碘化钾,振荡至药剂完全溶解;各加入 10 mL 盐酸溶液(1.2 mol/L),立即盖好瓶塞,摇动均匀。

暗处静置 5 min 后,用硫代硫酸钠标准贮备液滴定,使溶液刚好变至浅黄色,然后加入 2 mL 新配制的淀粉溶液,继续用硫代硫酸钠标准贮备液滴定,至溶液蓝色刚好褪去为终点。

硫代硫酸钠标准贮备液浓度按照下式计算得到,即

$$C = \frac{0.1000 \times 20.00}{V}$$

式中:C——硫代硫酸钠标准贮备液的摩尔浓度,mol/L;

V——滴定所消耗的硫代硫酸钠标准贮备液的体积,mL;

0.1000——碘酸钾标准溶液的摩尔浓度,mol/L;

20.00——碘酸钾标准溶液的体积,mL。

(12) 硫代硫酸钠标准溶液(0.01 mol/L):移取 50 mL 硫代硫酸钠标准贮备液,置于 500 mL 容量瓶中,用新煮沸的冷却水稀释、定容至标线,摇动均匀,备用。

(13) 乙二胺四乙酸二钠盐溶液(EDTA-2Na,0.5 g/L):准确称取 0.25 g 乙二胺四乙酸二钠盐,溶于适量的新煮沸的冷却水中,待其溶解后,转移至 500 mL 容量瓶中,用水稀释、定容至标线,摇动均匀,备用。该溶液需在实验时现用现配。

(14) 二氧化硫标准贮备液(1 g/L):准确称取 0.2 g 亚硫酸钠,溶解于 200 mL 的乙二胺四乙酸二钠盐溶液(EDTA-2Na,0.5 g/L)中,缓慢摇匀、放置、充氧,至亚硫酸钠溶解。将溶液放置 2~3 h 后,用碘量法标定。此溶液每毫升相当于 320~400 μg 二氧化硫。

标定浓度如下:

① 取 6 个 250 mL 的碘量瓶(依次编号 A_1、A_2、A_3、B_1、B_2、B_3),分别加入 50 mL 碘溶液(0.01 mol/L)。向 A_1、A_2、A_3 中各加入 25 mL 水;向 B_1、B_2 中加入 25 mL 亚硫酸钠溶液(1 g/L),盖好瓶盖。

② 立即吸取 2 mL 亚硫酸钠溶液(1 g/L),加到一个已装有 40~50 mL 甲醛缓冲吸收贮备液的 100 mL 容量瓶中,然后用甲醛缓冲吸收贮备液稀释、定容至标线,摇动均匀。此溶液即为二氧化硫标准贮备液,该贮备液在 4~5℃下冷藏,可稳定保存 6 个月,有效备用。

③ 吸取 25 mL 亚硫酸钠溶液(1 g/L),加入容量瓶 B_3 中,盖好瓶塞。

④ 将容量瓶 A_1、A_2、A_3、B_1、B_2、B_3 置于暗处,静置 5 min,然后用硫代硫酸钠溶液(0.01 mol/L)滴定至浅黄色。

分别加入 5 mL 淀粉指示剂溶液,继续用硫代硫酸钠溶液滴定,至溶液蓝色刚好褪去。滴定平行试样的过程中,所用硫代硫酸钠溶液的体积之差应不大于 0.05 mL。

二氧化硫标准贮备液(即步骤②中配制)的浓度,可以根据下式计算得到,即

$$\rho = \frac{(\overline{V_0} - \overline{V}) \times C \times 32.02 \times 10^3}{25.00} \times \frac{2.00}{100}$$

式中:ρ——二氧化硫标准贮备液的质量浓度,$\mu g/mL$;

$\overline{V_0}$——滴定空白试样时所消耗的硫代硫酸钠溶液(0.01 mol/L)的体积,mL;

$\overline{V}$——滴定样品试样时所消耗的硫代硫酸钠溶液(0.01 mol/L)的体积,mL;

C——硫代硫酸钠溶液的摩尔浓度,mol/L。

(15) 二氧化硫标准使用液(1 $\mu g/mL$):用甲醛缓冲吸收液,在二氧化硫标准贮备液配制过程中,标定步骤②所配稀释至 1 $\mu g/mL$ 的二氧化硫标准使用液。

此溶液用于绘制标准曲线,置于冰箱中 4～5℃ 下冷藏,可稳定有效保存 1 个月备用。

(16) 盐酸副玫瑰苯胺贮备液(2 g/L):称取 0.2 g 盐酸副玫瑰苯胺,溶解于盐酸溶液(1 mol/L)中,转移到 100 mL 容量瓶中,用盐酸溶液稀释、定容至标线。

(17) 副玫瑰苯胺溶液(0.05 g/L):吸取 25 mL 副玫瑰苯胺贮备液,置于 100 mL 容量瓶中,依次分别加入 30 mL 的浓磷酸(质量分数 85%)、12 mL 的浓盐酸,用水稀释、定容至标线,摇动均匀。将溶液放置过夜后,于避光处密封保存、备用。

(18) 盐酸-乙醇清洗液:将盐酸溶液(体积比 1:4)、95% 的乙醇,按照体积比 3:1 的比例混合配制得到。该清洗液用于比色管和比色皿的清洁。

四、实验步骤

1. 样品的采集与保存

短时间采样:用装有 10 mL 甲醛缓冲吸收液的多孔玻璃板吸收管,以 0.5 L/min 的流量采样,采样时长 45～60 min。在采样过程中,保持甲醛缓冲吸收液的温度为 23～29℃。

24 h 连续采样:用装有 50 mL 甲醛缓冲吸收液的多孔玻璃板吸收管,以 0.2 L/min 的流量连续采样 24 h。同样地,保持甲醛缓冲吸收液的温度为 23～29℃。

如果采集的样品溶液中有浑浊,可以通过离心分离去除。样品溶液需静置 20 min,以使其中的臭氧通过自身分解去除。

2. 校准曲线的绘制

取 14 支 10 mL 具塞比色管,分 A、B 两组,每组 7 支,分别对应编号。A 组按表 16-1 配制校准系列。

表 16-1 二氧化硫标准使用液系列配制

编 号	0	1	2	3	4	5	6
二氧化硫标准使用液体积/mL	0.00	0.50	1.00	2.00	5.00	8.00	10.00
甲醛缓冲吸收液体积/mL	10.00	9.50	9.00	8.00	5.00	2.00	0.00
二氧化硫含量/($\mu g/10$ mL)	0.00	0.50	1.00	2.00	5.00	8.00	10.00

在 A 组各管中分别加入 0.5 mL 氨磺酸钠溶液(6.0 g/L)和 0.5 mL 氢氧化钠溶液(1.5 mol/L),摇动均匀。在 B 组各管中分别加入 1 mL 副玫瑰苯胺溶液(0.05 g/L)。

将 A 组各管的溶液迅速地全部倒入对应编号的 B 管中,立即加塞混匀后,放入恒温水浴装置中显色。其中,显色温度与室温之差不应超过 3℃。根据季节和环境条件,参照表 16-2 选择合适的显色温度与显色时间。

表 16-2　二氧化硫显色温度与显色时间参照

显色温度/℃	10	15	20	25	30
显色时间/min	40	25	20	15	5
稳定时间/min	35	25	20	15	10
试剂空白吸光度 A_0	0.030	0.035	0.040	0.050	0.060

于 577 nm 波长处，用 10 mm 光程比色皿，以水为参比溶液，测定吸光度。以空白校正后各管的吸光度为纵坐标，以二氧化硫的质量浓度（μg/10 mL）为横坐标，绘制校准曲线，由此得到校准曲线的回归方程。

3. 试样的测定

（1）短时间采集的样品：将样品吸收管中的溶液转移到 10 mL 具塞比色管中，用少量甲醛缓冲吸收液洗涤吸收管，将其并入比色管中，用甲醛缓冲吸收液稀释、定容至标线。

向吸收液中加入 0.5 mL 氨基磺酸钠溶液，摇动均匀，静置 10 min，以除去氮氧化物的干扰。后续的样品溶液处理步骤与校准曲线的绘制操作相同。

（2）连续 24 h 采集的样品：将吸收管中的样品吸收液转移到 50 mL 具塞比色管中，用少量甲醛缓冲吸收液洗涤吸收管，将其并入比色管中，用甲醛缓冲吸收液稀释、定容至标线。

吸取一定体积（由浓度决定取 2～10 mL）的样品吸收液，转移到 10 mL 具塞比色管中，用甲醛缓冲吸收液稀释、定容至标线。加入 0.5 mL 氨基磺酸钠溶液，混匀，静置 10 min，以除去氮氧化物的干扰。后续的样品溶液处理步骤与校准曲线的绘制操作相同。

五、实验结果分析

空气样品中二氧化硫的浓度可按照下式计算得到，即

$$\rho = \frac{(A - A_0 - a)}{b \cdot V_s} \cdot \frac{V_t}{V_a}$$

式中：ρ——空气中二氧化硫的质量浓度，mg/m³；

A——样品溶液的吸光度；

A_0——试剂空白溶液的吸光度；

b——校准曲线的斜率，吸光度×10 mL/μg；

a——校准曲线的截距（小于 0.005）；

V_t——样品溶液的总体积，mL；

V_a——测定时所取试样的体积，mL；

V_s——换算成标准状态下（101.325 kPa，273 K）的采样体积，L。

计算结果准确到小数点后 3 位。

六、注意事项

（1）样品在采集、运输和保存的过程中，需要注意避免阳光照射。

（2）对于连续采样器，进气口应当连接符合要求的空气质量集中采集管路系统，用以减少二氧化硫进入吸收瓶前的损失。

（3）在采样的过程中，多孔玻璃板吸收管 2/3 的玻璃板面积要发泡均匀，玻璃板边缘无气泡逸出。

（4）每批样品至少测定 2 个现场空白。空白用的采样管也要带到采样现场，除了不采

气之外,其他条件与气样采样管的相同。

(5)当空气中二氧化硫浓度高于测定上限时,可以适当减少采样体积或者减少试料的体积。

(6)如果样品溶液的吸光度超过标准曲线的上限,可用试剂空白液稀释,在数分钟内再测定吸光度,但稀释倍数不能大于6。

(7)六价铬离子能使紫红色络合物褪色,产生负干扰,因此不可用硫酸-铬酸洗液洗涤玻璃器皿。如果玻璃器皿用硫酸-铬酸洗液洗涤过,则必须用盐酸溶液(体积比1∶1)浸洗,用自来水冲洗干净,然后用去离子水冲洗。

七、讨论与思考

(1)在气样的采集过程中,影响甲醛缓冲液吸收二氧化硫效率的因素有哪些? 如何避免或者消除干扰?

(2)在试样溶液的显色过程中,温度对实验操作和检测结果,分别有哪些影响?

实验十七　空气中氮氧化物的测定

氮氧化物指的是由氮、氧两种元素组成的化合物,主要包括一氧化二氮(N_2O)、一氧化氮(NO)、二氧化氮(NO_2)、三氧化二氮(N_2O_3)、四氧化二氮(N_2O_4)和五氧化二氮(N_2O_5)等。氮氧化物大多不稳定,遇光、遇湿、遇热会转变为 NO_2 和 NO。同时,NO 又会随之转变为 NO_2。因此,被看作环境监测指标的氮氧化物(NO_x)浓度通常指的是 NO 和 NO_2 浓度。氮氧化物的来源广泛,其中,天然排放的 NO_x 主要来自于土壤、海洋中有机物的分解;相比较而言,人为源是 NO_x 的主要污染来源,其中,NO_x 绝大部分来自于化石燃料的燃烧(汽车、飞机、内燃机、工业窑炉)过程,另外,也有相当大量的 NO_x 来源于硝酸及其盐类(氮肥生产、有机中间体使用、金属冶炼等)生产、使用的过程。

氮氧化物是导致大气环境中光化学烟雾发生、酸雨形成的一个重要原因和主要前体物。光化学烟雾具有特殊气味,刺激眼睛,伤害植物,并能使大气能见度降低。酸雨会严重影响植物的正常生存和生长,导致粮食作物生产能力丧失,影响粮食安全。另外,氮氧化物都具有不同程度的毒性,能对人体的呼吸系统产生强烈的刺激作用,进而威胁人体健康。

一、实验目的

(1)掌握盐酸萘乙二胺分光光度法测定空气中氮氧化物的原理和实验操作步骤。

(2)熟悉影响氮氧化物测定的因素,掌握消除或避免干扰的方式手段。

二、实验原理

氮氧化物的分析方法主要有盐酸萘乙二胺分光光度法、紫外吸收法、定电位电解法、非分散红外吸收法、化学发光法等。本次实验以盐酸萘乙二胺分光光度法测定空气中氮氧化物含量。空气中的氮氧化物主要以 NO 和 NO_2 的形态存在。在采样过程中,首先使空气中的 NO_2 被采样器中串联设置的第一只吸收瓶中的吸收液吸收,二者反应生成粉红色的偶氮染料。空气中的 NO 不与吸收液反应,在通过与第一只吸收瓶相连的氧化管时,被酸性高锰酸钾溶液氧化为 NO_2,继而被串联的第二只吸收瓶中的吸收液吸收。同样地,被氧化成 NO_2 的 NO,与第二只吸收瓶中溶液反应,也生成粉红色偶氮染料。将生成的偶氮染料用 540 nm 处波长测定吸光度。通过分别测定第一只和第二只吸收瓶中样品的吸光度,分别计算两只吸收瓶中的 NO_2、NO 的浓度,二者之和即为空气中氮氧化物的实际浓度。

三、实验器材与试剂

1. 主要器材

(1)分析天平。

(2)烘箱。

(3)空气采样器:流量范围为 0.1~1.0 L/min。采样流量为 0.4 L/min 时,相对误差小于±5%。

(4)恒温、半自动连续空气采样器:采样流量为 0.2 L/min。

(5)吸收瓶:可装 10 mL、25 mL 或 50 mL 吸收液的多孔玻璃板吸收瓶,液柱高度不低于 80 mm。使用棕色吸收瓶或采样过程中吸收瓶外罩黑色避光罩。新的多孔玻璃板吸收瓶或使用后的多孔玻璃板吸收瓶,应用盐酸溶液(体积比 1∶1)浸泡 24 h 以上,用清水洗净。

(6) 氧化瓶:可装 5 mL、10 mL 或 50 mL 酸性高锰酸钾溶液的洗气瓶,液柱高度不能低于 80 mm。使用后,用盐酸羟胺溶液浸泡洗涤。

(7) 分光光度计。

(8) 电热炉。

(9) 水浴锅。

(10) 具塞比色管:10 mL。

(11) 棕色容量瓶:100 mL、500 mL、1000 mL。

(12) 移液管:1 mL、2 mL、5 mL、10 mL、25 mL、50 mL。

(13) 滴管。

2. 主要试剂

除非另有说明,实验中所用试剂均为分析纯,操作中所用水均为新制备的去离子水。

(1) 酸性高锰酸钾溶液($KMnO_4$,25 g/L):称取 25 g 高锰酸钾,置于 1000 mL 烧杯中,溶解于 500 mL 水中,可将溶液稍微加热使药剂加速溶解,向溶液中加入 500 mL 硫酸溶液(1 mol/L),搅拌均匀,转移到棕色瓶中保存、备用。

(2) N-(1-萘基)乙二胺盐酸盐贮备液[$C_{10}H_7NH(CH_2)_2NH_2 \cdot 2HCl$,1 g/L]:准确称取 0.5 g N-(1-萘基)乙二胺盐酸盐,溶解于适量水中,转移至 500 mL 容量瓶中,用水稀释、定容至标线,然后转移到棕色容量瓶中,于冰箱中 4℃ 下,密封、避光、冷藏,可稳定保存 3 个月,备用。

(3) 显色液:称取 5 g 对氨基苯磺酸($NH_2C_6H_4SO_3H$),溶解于 40～50℃ 的热水中,待溶液冷却至室温后,转移到 1000 mL 棕色容量瓶中;分别加入 50 mL N-(1-萘基)乙二胺盐酸盐贮备液、50 mL 冰醋酸,用水稀释、定容至标线。将溶液置于冰箱中,4℃ 下、密封、避光、冷藏,可稳定保存 3 个月备用。若溶液呈现淡红色,则应当重新配制。

(4) 吸收液:将显色液、水按照 4∶1 体积比例混合得到。该吸收液的吸光度应当不大于 0.005。

(5) 亚硝酸盐标准贮备液(NO_2^-,250 μg/mL):准确称取 0.375 g 亚硝酸钠($NaNO_2$,优级纯,110℃ 下干燥至恒重)溶解于水中,转移至 1000 mL 棕色容量瓶中,用水稀释、定容至标线。将该溶液置于冰箱中,4℃ 下、密封、避光、冷藏,可稳定保存 3 个月备用。

(6) 亚硝酸盐标准使用液(NO_2^-,2.5 μg/mL):准确移取 1 mL 亚硝酸盐标准贮备液,置于 100 mL 容量瓶中,用水稀释、定容至标线,备用。该溶液需要现用现配。

(7) 盐酸羟胺溶液:0.2～0.5 g/L。

(8) 硫酸溶液($1/2H_2SO_4$,1 mol/L):移取 15 mL 浓硫酸,缓慢匀速地加到 500 mL 水中,搅拌均匀,待溶液冷却后,转移到 500 mL 容量瓶中,保存备用。

四、实验步骤

1. 样品的采集与保存

短时间采样(1 h 以内):取 2 只分别装有 10 mL 吸收液的多孔玻璃板吸收瓶,1 只内装 5～10 mL 酸性高锰酸钾溶液的氧化瓶,液柱高度均不低于 80 mm。用尽量短的硅橡胶管,将氧化瓶串联在 2 只吸收瓶之间,以 0.4 L/min 流量采样 4～24 L。

长时间采样(24 h):取 2 只大型多孔玻璃板吸收瓶,装入 25 mL(或 50 mL)吸收液,保证液柱高度不低于 80 mm,标记液面位置。另取 1 只装有 50 mL 酸性高锰酸钾溶液的氧化瓶,将氧化瓶串联在 2 只吸收瓶之间,将吸收液温度控制在(20±4)℃,以 0.2 L/min 的流量采样 288 L。

在采样、运输、存放过程中,应当避免阳光照射。采集所得样品应尽快分析。若不能及时测定,应将样品置于冰箱中,0～4℃条件下,密封、避光、冷藏,可稳定保存 3 d,有效备用。

2. 校准曲线的绘制

取 6 支 10 mL 的具塞比色管,参考表 17-1 中配制设定,制备亚硝酸盐标准溶液系列。

表 17-1　亚硝酸盐标准溶液系列

编　　　号	0	1	2	3	4	5
亚硝酸钠标准使用液体积/mL	0.00	0.40	0.80	1.20	1.60	2.00
水/mL	2.00	1.60	1.20	0.80	0.40	0.00
显色液/mL	8.00	8.00	8.00	8.00	8.00	8.00
NO_2^- 浓度/(μg/mL)	0.00	0.10	0.20	0.30	0.40	0.50

将各比色管摇动均匀,暗处静置 20 min(室温低于 20℃时,至少静置 40 min),用 10 mm 光程比色皿,于 540 nm 波长处,以水为参比溶液,测量吸光度。扣除空白吸光度后,对应 NO_2^- 的质量浓度(μg/mL),用最小二乘法计算,得到标准曲线的回归方程。

3. 试样的测定

将采样所得吸收液静置 20 min(室温低于 20℃时,至少静置 40 min),用水将采样瓶中吸收液稀释、定容至标线,摇动均匀。

用 10 mm 光程比色皿,于 540 nm 波长处,以水为参比溶液,测量吸光度,同时测定空白样品的吸光度。若样品的吸光度超过标准曲线的上限,应用实验室空白试液稀释,再测定其吸光度,但稀释不超过 6 倍。

五、实验结果分析

(1) 空气中 NO_2 浓度可以按照下式计算得到,即

$$\rho_{NO_2} = \frac{(A_1 - A_0 - a) \cdot V \cdot D}{b \cdot f \cdot V_0}$$

(2) 空气中 NO 浓度可以按照以下方式计算得到,即

① 若以 NO_2 计算表示,则为

$$\rho_{NO} = \frac{(A_2 - A_0 - a) \cdot V \cdot D}{b \cdot f \cdot V_0 \cdot K}$$

② 若以 NO 计算表示,则为

$$\rho'_{NO} = \frac{\rho_{NO} \times 30}{46}$$

(3) 空气中氮氧化物质量浓度(以 NO_2 为计,mg/m³)可以按照下式计算得到,即

$$\rho_{NO_x} = \rho_{NO_2} + \rho_{NO}$$

式中:A_1、A_2——串联的第一只和第二只吸收瓶中样品的吸光度;

A_0——实验室空白的吸光度；

b——标准曲线的斜率，吸光度×mL/μg；

a——标准曲线的截距；

V——采样用吸收液体积，mL；

V_0——换算为标准状态(101.325 kPa,273 K)下的采样体积，L；

K——NO 转化为 NO_2 的氧化系数为 0.68，表示被氧化为 NO_2、被吸收液吸收生成偶氮染料的 NO 的量，与通过采样系统的 NO 总量的比例；

D——气体样品吸收溶液的稀释倍数；

f——Saltzman 实验系数(0.88,当空气中 NO_2 质量浓度高于 0.72 mg/m^3 时，取值 0.77)。

六、注意事项

(1) 在采集气样的过程中，如果氧化管中有明显的沉淀物析出，则应及时更换新管。一般情况下，装有 50 mL 酸性高锰酸钾溶液的氧化瓶，在隔日采样的工作强度下，可使用 15～20 d。在采样过程中，应当随时注意观察吸收液颜色变化，避免因氮氧化物质量浓度过高而穿透吸收液。

(2) 采样、运输、存放过程中，应当避免阳光照射。当气温超过 25℃时，长时间(不少于 8 h)的运输、存放样品，应采取降温措施。采样结束时，为防止溶液倒吸，应在采样泵停止抽气的同时，闭合连接在采样系统中的止水夹或电磁阀。

(3) 在每次采样过程中，至少做 2 个现场空白。在实验测定过程中，空白、试样和校准曲线试样的测定必须在同一批次中完成。

七、讨论与思考

(1) 为什么从采样到样品存放过程中，需要控制样品的环境温度？对测定有什么影响？

(2) 空气中的 NO 和 NO_2 是否都可以利用该实验方法单独测定？

实验十八　室内空气中甲醛的测定

　　甲醛又称蚁醛,无色水溶液或气体,有刺激性气味。甲醛属用途广泛、生产工艺简单、原料供应充足的大众化工产品,被广泛应用在木材加工、服装面料生产、防腐杀菌、树脂材料制造等不同的生产行业或者生活领域。甲醛污染问题主要集中于居室、纺织品和食品中。居室装饰材料和家具中的胶合板、纤维板、刨花板等人造板材中含有大量以甲醛为主的脲醛树脂,各类油漆、涂料中都含有甲醛。甲醛的主要危害表现为对皮肤黏膜的刺激作用,甲醛在室内达到一定浓度时,人就有不适感。当室内空气中甲醛浓度大于 $0.08\ \text{mg/m}^3$ 可引起眼红、眼痒、咽喉不适或疼痛、声音嘶哑、喷嚏、胸闷、气喘、皮炎等症状。新装修的房间甲醛含量较高,是众多疾病的主要诱因。长期、低浓度接触甲醛会引起头痛、头晕、乏力、感觉障碍、免疫力降低,并可出现瞌睡、记忆力减退或神经衰弱、精神抑郁。甲醛会引起人体慢性中毒,对呼吸系统的危害巨大。长期接触甲醛可引发呼吸功能障碍和肝中毒性病变,表现为肝细胞损伤、肝功能异常等。因此,开展室内环境空气中甲醛的监测,对于了解室内环境质量状况,保证人体健康安全具有重要意义。

一、实验目的

　　(1) 了解乙酰丙酮分光光度法测定空气中甲醛的方法原理,掌握实验操作步骤。

　　(2) 掌握含甲醛空气样品的采集方式和对应的不同环境中样品的采集原则。

二、实验原理

　　甲醛的测定方法主要有乙酰丙酮分光光度法、酚试剂法、AHMT 法、副品红(pararosaniline,PRA)变色酸法、间苯三酚法、催化光度法等,每种检测方法所偏重的应用领域不同,并各具特点。在常用方法中,乙酰丙酮分光光度法测定线性范围较宽,适合高含量甲醛的检测,多用于对居室和水产食品中甲醛的测定。酚试剂法操作简便,灵敏度高,检出限低,较适合微量甲醛的测定。AHMT 法在室温下就能显色,且与硫氧化物、氮氧化物共存时不干扰测定,灵敏度好。本次实验采用乙酰丙酮分光光度法测定室内空气中甲醛的含量,利用水溶解空气中的甲醛后,在 pH 值为 6 的乙酸-乙酸铵缓冲溶液中,甲醛会与乙酰丙酮发生反应,在沸水浴条件下,溶液中迅速生成稳定的淡黄色化合物,在波长 413 nm 处测定吸光度,得到试样中甲醛含量,进而计算得到空气中的实际浓度。

三、实验器材与试剂

　　1. 主要器材

　　(1) 分析天平。

　　(2) 大气采样器:流量范围 0.2～1.0 L/min。

　　(3) 皂膜流量计。

　　(4) 多孔玻璃板吸收管:容积 50 mL 或者 125 mL,采样流量＝0.5 L/min,阻力(6.7±0.7)kPa,单管吸收效率大于 99%。

　　(5) 气泡吸收管。

　　(6) 分光光度计(10 mm 光程比色皿)。

（7）标准皮托管：具有校正系数。

（8）倾斜式微压计。

（9）采样引气管：聚四氟乙烯（PTFE）材质，内径 6～7 mm，引气管前端带有玻璃纤维滤料。

（10）空盒气压表。

（11）水银温度计：100℃量程。

（12）pH 计。

（13）水浴锅。

（14）烘箱。

（15）滴定台：50 mL 碱式滴定管。

（16）聚乙烯瓶。

（17）碘量瓶：250 mL。

（18）棕色容量瓶：50 mL、100 mL、1000 mL。

（19）移液管：1 mL、5 mL、10 mL、25 mL。

（20）滴管。

（21）冰箱。

（22）电热炉。

2. 主要试剂

除非另有说明，实验中所用试剂均为分析纯。

（1）不含有机物的蒸馏水：移取少量高锰酸钾的碱性溶液，置于蒸馏水中，再进行蒸馏得到（在整个蒸馏过程中溶液应当始终保持红色，否则应当随时补加高锰酸钾）。

（2）甲醛吸收液：不含有机物的重蒸馏水。

（3）乙酰丙酮溶液（体积分数 0.25%）：称取 25 g 乙酸铵，溶解于少量水中，加入 3 g 无水乙酸、0.25 mL 新蒸馏的乙酰丙酮，摇动均匀、用水稀释至 100 mL。调整溶液的 pH 值为 6，于冰箱中 2～5℃下，密封、避光、冷藏保存，可有效备用 1 个月。

（4）碘化钾溶液（100 g/L）：称取 100 g 碘化钾，溶解于适量水中，转移到 1000 mL 容量瓶中，用水稀释、定容至标线。

（5）碘溶液（0.1 mol/L）：称取 40 g 碘化钾溶解于 10 mL 水中，加入 12.7 g 碘，加入适量水使之溶解，转移到 1000 mL 容量瓶中，用水稀释、定容至标线。

（6）碘酸钾溶液（$1/6KIO_3$，0.1 mol/L）：准确称取 3.567 g 碘酸钾（优级纯，110℃下烘干 2 h），溶解于水中，转移到 1000 mL 容量瓶中，用水稀释、定容至标线。

（7）淀粉溶液（10 g/L）：称取 1 g 淀粉，用少量水调制成糊状，向其中导入 100 mL 沸水，所得溶液应当呈透明状，此溶液需要现用现配。

（8）硫代硫酸钠溶液（0.1 mol/L）：称取 25 g 五水合硫代硫酸钠（$Na_2S_2O_3 \cdot 5H_2O$）、2 g 碳酸钠（Na_2CO_3），溶解于煮沸后冷却的蒸馏水中，转移到 1000 mL 棕色容量瓶中，用水稀释、定容至标线。该溶液放置 1 周后过滤，用碘酸钾标准溶液标定实际浓度。

标定方法：移取 25 mL 碘酸钾标准溶液，置于 250 mL 碘量瓶中，加入 40 mL 煮沸后冷却的蒸馏水。

分别移取 10 mL 碘化钾溶液（100 g/L）、10 mL 盐酸溶液（体积比 1∶5），立即盖好瓶塞，摇动均匀，暗处静置 5 min。

用硫代硫酸钠溶液滴定至淡黄色,再加入 1 mL 淀粉溶液,继续滴定至溶液蓝色刚好褪去。

硫代硫酸钠溶液浓度按照下式计算得到,即

$$C_{Na_2S_2O_3} = \frac{0.1 \times 25}{V_{Na_2S_2O_3}}$$

式中:$C_{Na_2S_2O_3}$——硫代硫酸钠溶液摩尔浓度,mol/L;

$\quad\quad V_{Na_2S_2O_3}$——滴定含碘溶液所消耗的硫代硫酸钠溶液的平均体积,mL。

(9)甲醛标准贮备液:移取 10 mL 甲醛(质量分数 36%~38%)溶液,置于 500 mL 容量瓶中,用水稀释、定容至标线。

标定浓度:

移取 5 mL 甲醛标准贮备液,置于 250 mL 碘量瓶中,加入 30 mL 碘溶液(0.1 mol/L),然后立即用氢氧化钠溶液(300 g/L)逐滴滴加,直到溶液颜色褪变为淡黄色为止。

将变色后的溶液静置 10 min,加入 5 mL 盐酸溶液(体积比 1:5),空白滴定时需要多加入 2 mL。于暗处静置 10 min,加入 100 mL 新煮沸并冷却的蒸馏水,用标定好浓度的硫代硫酸钠溶液滴定至淡黄色。

向溶液中加入 1 mL 新配制的淀粉指示剂溶液(10 g/L),用硫代硫酸钠溶液继续滴定,至溶液蓝色刚好褪色作为滴定终点。另外,移取 5 mL 蒸馏水为参比溶液,进行空白测定。

根据标定中所得结果,按照下式计算甲醛标准贮备液浓度,即

$$C = \frac{(V_1 - V_2) \times C_{Na_2S_2O_3} \times 15.0}{5.0}$$

式中:C——甲醛标准贮备液质量浓度,mg/mL;

$\quad\quad V_1$——标定空白时消耗的硫代硫酸钠溶液的平均体积,mL;

$\quad\quad V_2$——标定甲醛标准贮备液时消耗的硫代硫酸钠溶液的平均体积,mL;

$\quad\quad C_{Na_2S_2O_3}$——硫代硫酸钠溶液的摩尔浓度,mol/L;

$\quad\quad 15.0$——甲醛(1/2HCHO)摩尔质量,g/mal;

$\quad\quad 5.0$——甲醛标准贮备液的取样体积,mL。

(10)甲醛标准使用液(5 μg/mL):准确移取 25 mL 甲醛标准贮备液,置于 50 mL 容量瓶中,加入 5 mL 甲醛吸收液,用水稀释、定容至标线,在 2~5℃下,密封、避光、冷藏,可稳定保存 1 周,备用。

(11)氢氧化钠溶液(300 g/L):称取 30 g 氢氧化钠,置于适量水中,搅拌溶解,待溶液冷却后,转移至 100 mL 容量瓶中,用水稀释、定容至标线,转移到聚乙烯瓶中保存,备用。

(12)冰醋酸。

(13)盐酸溶液:盐酸:水的体积比为 1:5。

四、实验步骤

1. 样品的采集与保存

气体样品采集系统,由采样引气管、采样吸收管和空气采样器串联组成。其中,样品吸收管的体积为 50 mL 或者 125 mL。不同体积管中吸收溶液的装液量,分别对应为 20 mL 或者 50 mL。采样过程中,用 0.5~1.0 L/min 的流量采集,采气时长 10~20 min,采样体积 10 L。

采集得到的气体样品,于冰箱中 2~5℃下密封、避光、冷藏,所存样品需在 2 d 内分析完

毕,以避免甲醛被氧化。

2. 采样体积的校准

(1) 流量校准。

在采样过程中,用皂膜流量计对气体采样器进行流量的校准。采样体积的校准可以通过下式计算得到,

$$V_m = Q'_r \cdot t$$

式中:V_m——采样体积,L;

　　Q'_r——校准后的气体流量,L/min;

　　t——采样时间,min。

(2) 压力的测定。

通过连接标准皮托管和倾斜式微压计,进行压力的测量,空气采样用控盒气压表进行气压读数。

(3) 温度的测量。

用水银温度计测量空气温度或者管道废气温度。

(4) 体积的校准。

采集所得气体的标准状态下体积通过下式计算得到,

$$V_{nd} = V_m \times 2.694 \times \frac{101.325 + P_m}{273 + t_m}$$

式中:V_{nd}——标准状况(273 K、101.325 kPa)下,空气或者废气的采样体积,L;

　　V_m——空气样品或者废气的采集体积,L;

　　P_m——空气或者废气的压力,kPa;

　　t_m——空气或者废气的温度,℃;

　　101.325——标准状况下的压力,kPa;

　　273——标准状况下的热力学温度,K。

3. 校准曲线的绘制

取一系列 25 mL 的具塞比色管,参照表 18-1 列出的体积与含量对应关系,配制甲醛的标准曲线系列浓度点样。

表 18-1　甲醛标准曲线溶液配制系列

编　号	0	1	2	3	4	5	6
移取甲醛(5 μg/mL)的体积/mL	0.0	0.0	0.8	2.0	4.0	6.0	7.0
甲醛质量/μg	0.0	1.0	4.0	10.0	20.0	30.0	35.0

按照配比分别移取定量的甲醛标准溶液于比色管中,用水稀释、定容至 10 mL 标线,再分别加入 2 mL 乙酰丙酮溶液(体积分数 0.25%),摇动均匀,转移到沸水浴中,加热 3 min。

取出比色管,待其冷却后,用 10 mm 光程比色皿,用水为参比溶液,在 413 nm 波长处测定吸光度。将上述系列标准溶液测得的吸光度扣除掉空白参比吸光度,得到校准吸光度值。

以甲醛的质量为横坐标,各标准溶液对应的校准吸光度值为纵坐标,绘制甲醛的校准曲线,并利用 Excel 得到校准曲线的回归方程(零浓度不参与方程分析或者回归计算),即

$$y = bx + a$$

式中:y——甲醛的校准吸光度;

x——甲醛的含量；

a——校准曲线的截距；

b——校准曲线的斜率。

由校准曲线的斜率倒数，计算得到曲线的校准因子：$B_s = 1/b$。

4．试样的测定

将采样过程中经过吸收溶液吸收后得到的样品溶液，转移到 50 mL 或者 100 mL 容量瓶中，用水稀释、定容至标线。取上述少于 10 mL 的试样（根据试样的浓度移取适量的试样体积），置于 25 mL 比色管中，用水稀释、定容至 10 mL 标线，通过与测定标准曲线溶液相同的方式，测定试样溶液的吸光度。

另外，用现场为采样的空白吸收管的吸收液作为空白试样，同样按照标准溶液吸光度的测定过程，测定空白参比溶液的吸光度。

五、实验结果分析

（1）样品中甲醛的校准吸光度（y）可以通过下式计算得到，即

$$y = A_s - A_b$$

式中：A_s——气体样品试样的吸光度；

A_b——空白试样的吸光度。

（2）试样中甲醛的含量可以通过下式计算得到，即

$$x = \frac{y-a}{b} \cdot \frac{V_1}{V_2} \quad \text{或者} \quad x = (y-a)B_s \cdot \frac{V_1}{V_2}$$

式中：x——样品中甲醛的含量，μg；

V_1——比色管定容时的体积，mL；

V_2——测定时所移取吸收液试样的体积，mL。

（3）空气中甲醛的浓度，可以通过下式计算得到，即

$$C = \frac{x}{V_{nd}}$$

式中：C——甲醛的浓度，mg/m^3；

V_{nd}——在标准状况下（273K、101.325 kPa），所采集气体样品的体积，L。

六、注意事项

（1）日光照射能使得甲醛发生氧化，因此采样过程中需要选用棕色的吸收管。在样品的运输和保存过程中，均需要采取避光措施，以防止氧化。

（2）在实验过程中，需要在通风橱中开展甲醛溶液的配制等相关工作。同时，须做好个人防护，规范操作，确保安全。

（3）对于室内甲醛的空气样品采集，采样点需避开通风口，距离墙壁至少 0.5 m。采样口的高度，原则上要与人的呼吸高度一致，相对高度为 0.5～1.5 m。

七、讨论与思考

（1）在气体样品的采集过程中，如何保证所采集的样品具有代表性？

（2）影响空气中甲醛测定结果的因素有哪些？如何弱化或者消除干扰？

实验十九　空气中颗粒物的测定

通常把飘浮在空气中的固态和液态、粒径范围为 $0.1 \sim 100~\mu m$ 的各种颗粒称作总悬浮颗粒物（total suspended particulates，TSP）。其中，把粒径在 $10~\mu m$ 以下的颗粒物称为可吸入颗粒物，又称 PM_{10}。把粒径在 $2.5~\mu m$ 以下的颗粒物，称为细颗粒物，又称 $PM_{2.5}$。

PM_{10} 能够在环境空气中长期飘浮，可经过呼吸道沉积于人体的肺泡中。慢性呼吸道炎症、肺气肿、肺癌的发病与空气中 PM_{10} 的污染程度明显相关。另外，PM_{10} 的吸附能力，可以使之成为大气污染物的载体。PM_{10} 吸附的有害气体和液体，能够随它们进入肺的深部，进而促导疾病的发生。相较于 PM_{10}，$PM_{2.5}$ 能更加长久地悬浮于空气中，在空气中含量浓度越高，对空气造成的污染越严重。虽然 $PM_{2.5}$ 只是地球大气成分中含量很少的组分，但它对空气质量和能见度等有重要的影响。与较粗的大气颗粒物相比，$PM_{2.5}$ 粒径小，比表面积大，活性强，更易附带有毒、有害物质（如重金属、多环芳烃、微生物等），且在大气中的停留时间长、输送距离远，因而对人体健康和大气环境质量的影响更大。本次实验利用大气颗粒物采样器，采集目标环境中的含颗粒物气体样品，通过重量法分析测定空气中 PM_{10}、$PM_{2.5}$ 的含量。

一、实验目的

（1）掌握颗粒物采样器的使用和样品采集方式。

（2）掌握颗粒物的测定分析方法，熟悉颗粒物测定的实验质量保证手段。

二、实验原理

根据目标物的测定，选择合适的颗粒物采样器采集空气样品，使空气以恒定的速度分别通过具有 PM_{10} 和 $PM_{2.5}$ 切割性能的采样器。从而使 PM_{10} 和 $PM_{2.5}$ 被分别截留在已知质量的滤膜上，然后根据采样前后滤膜的重量差和采样体积，计算出空气中 PM_{10} 和 $PM_{2.5}$ 的浓度。

三、实验器材

（1）大流量颗粒物采样器：采样器由切割器、滤膜夹、流量计、抽气泵等构成，采样流量一般为 $1.05~m^3/min$。其中，PM_{10} 采样器基本性能为切割器的切割粒径 $Da_{50} = (10 \pm 0.5)\mu m$；捕集效率的几何标准差 $\sigma_g = (1.5 \pm 0.1)\mu m$。$PM_{2.5}$ 采样器基本性能为切割器的切割粒径 $Da_{50} = (2.5 \pm 0.2)\mu m$；捕集效率的几何标准差 $\sigma_g = (1.2 \pm 0.1)\mu m$。

（2）气压计：用于测定流量校准时的环境大气压。

（3）温度计：用于测定流量校准时的环境大气温度。

（4）湿度计：用于测定环境的空气湿度。

（5）滤膜：可以选用玻璃纤维滤膜、石英滤膜等无机滤膜或聚氯乙烯、聚丙烯、混合纤维素等有机滤膜。

（6）滤膜保存盒：利用惰性材质的、对滤膜没有影响的滤膜桶或者滤膜盒存放滤膜及滤膜夹。

（7）恒温恒湿箱：箱内空气温度在 $15\sim30℃$ 可调，控温精度 $±1℃$。箱内空气相对湿度应控制在 $(50±5)\%$。恒温恒湿箱可连续工作。

（8）大流量孔口流量计：用于采样器的流量校准，量程范围在 $0.8\sim1.4~\text{m}^3/\text{min}$，误差不超过 2%。

（9）干燥器：盛有变色硅胶。

（10）分析天平。

（11）镊子。

四、实验步骤

1. 采样前的准备

（1）采样器的切割器清洗：通常情况下，采样时长达到 168 h 就需要清洗一次，如果遇到扬尘等重污染天气，则需要使用前后及时清洗，或者根据当地的空气质量确定清洗的频率。

（2）采样器流量的校正。

① 从气压计、温度计分别读取环境大气压和环境温度。

② 将采样器采气流量换算成标准状态下的流量，计算公式如下：

$$Q_n = Q \cdot \frac{P_1 \cdot T_n}{P_n \cdot T_1}$$

式中：Q_n——标准状态下的采样器流量，m^3/min；

$\quad Q$——采样器采气流量，m^3/min；

$\quad P_1$——流量校准时环境大气压力，kPa；

$\quad T_n$——标准状态下的绝对温度，273 K；

$\quad T_1$——流量校准时环境温度，K；

$\quad P_n$——标准状态下的大气压力，101.325 kPa。

③ 将计算的标准状态下流量 Q_n 代入下式，求出修正项 y，即

$$y = b \cdot Q_n + a$$

式中的斜率 b 和截距 a 由孔口流量计的标定部门给出。

④ 计算孔口流量计压差值 ΔH（Pa）：

$$\Delta H = \frac{y^2 \cdot P_n \cdot T_1}{P_1 \cdot T_n}$$

⑤ 打开采样头的采样盖，按正常采样位置，放一张干净的采样滤膜，将大流量孔口流量计的孔口与采样头密封连接，孔口的取压口接好 U 形压差计。

⑥ 接通电源，开启采样器，待工作正常后，调节采样器流量，使孔口流量计压差值达到计算的 ΔH。

采样器的正常使用频次和状态下，每月进行一次流量的校准即可。

（3）采样器气密性检查：使用前，检查滤膜是否有孔洞或者破损等缺陷，根据需要更换滤膜。当滤膜正确放置后，要检查采样头的气密性，当不存在漏气时，采样后滤膜上颗粒物与周边的白色材质界线明显，如果出现界线模糊，则应当更换滤膜密封垫。

（4）空白滤膜的预处理：使用前，先检查滤膜的质量状况，确保滤膜边缘平整、厚薄均

匀、无毛刺、无污染,不存在针孔或者破损,然后进行滤膜的恒重预处理。

将滤膜进行平衡处理至恒重,方法如下:

① 将滤膜置于恒温恒湿箱中,温度控制在 15～30℃,控温精度为±1℃,箱内湿度控制在(50±5)%。滤膜在上述条件下,平衡处理不少于 24 h。

② 记录平衡温度、相对湿度。在与平衡滤膜相同的条件下,用分析天平称量平衡后的滤膜质量,记录滤膜质量和序列等相关信息。

③ 称量后的滤膜,在相同条件下平衡处理 1 h 后,再次称量其质量,两次称量的质量差小于 0.4 mg。将称量好的滤膜平展地放置、保存在滤膜盒中,使用前不能有弯曲或者折叠。

2. 样品的采集与保存

(1) 样品的采集。

开始采样前,用无锯齿状镊子将已恒重且称重的滤膜放入清洁的滤膜夹内,滤膜毛面朝向进气方向,然后将滤膜固牢压紧;将滤膜夹正确放置在采样器中,按照仪器说明开展操作并正确设置采样时间等相关参数,启动采样器开始样品的采集。采样结束后,用镊子小心取出滤膜,将滤膜采样面朝里对折,然后放入保存盒或者样品袋中。

(2) 样品的保存。

样品采集完成后,滤膜应尽快平衡称量检测。如果来不及平衡称量,需将滤膜在 4℃ 下密闭、冷藏保存,最长保存期不超过 30 d。

(3) 采集原则与要求。

采样时,采样器入口距地面高度不得低于 1.5 m,切割器流路应当垂直于地面。采样不宜在风速大于 8 m/s 等天气条件下进行。采样点应避开污染源及障碍物。如果测定交通枢纽处 PM_{10} 和 $PM_{2.5}$,采样点应布置在距人行道边缘外侧 1 m 处。

采用间断采样方式测定日平均浓度时,其次数不应少于 4 次,累积采样时间不应少于 18 h(测定 $PM_{2.5}$ 的日均浓度时,每天的采样时间不少于 20 h)。

采样过程中,如果采样器中途断电,导致累积采样时长未达到要求的时长,则该批样品作废,需要重新实验测定。

3. 样品的称量

将滤膜置于恒温恒湿箱中,温度控制在 15～30℃,控温精度为±1℃,箱内湿度控制在(50±5)%条件下,平衡处理 24 h。用分析天平称量平衡后的滤膜(称量精确到 0.1 mg),并记录滤膜称量质量。

五、实验结果分析

颗粒物($PM_{2.5}$ 或者 PM_{10})浓度的分析:

$$\rho = \frac{w_1 - w_2}{V} \times 1000$$

式中:ρ——$PM_{2.5}$ 或者 PM_{10} 质量浓度,$\mu g/m^3$;

w_1——空白滤膜的质量,mg;

w_2——采样后滤膜的质量,mg;

V——已换算成标准状态(101.325 kPa,273 K)下的采样体积,m^3。

计算结果保留 3 位有效数字,小数点后数字可保留到第 3 位。

六、注意事项

（1）采样器需要在每次使用前进行流量校准。

（2）滤膜使用前均需要进行质量检查，不能有任何缺陷。在称量过程中，要消除静电影响。

（3）取清洁滤膜若干张，在恒温恒湿箱中，按实验方法平衡处理 24 h，称重。每张滤膜非连续称量 10 次以上，求每张滤膜的平均值，作为该张滤膜的原始质量。以上述滤膜作为"标准滤膜"。每次称滤膜的同时，称量两张"标准滤膜"。若标准滤膜称出的质量在原始质量±5 mg（大流量）的范围内，则可以认为该批样品滤膜称量合格，数据可用。否则应检查称量条件是否符合要求并重新称量该批样品滤膜。

（4）采样后的滤膜，如果发现有破损、滤膜上尘样的轮廓界线不清晰、安置位置歪斜等，说明采样的气密性不好，所得样品作废，需要重新检查仪器、重新操作并采样。

（5）当 PM_{10} 或 $PM_{2.5}$ 含量很低时，采样时间不能过短。采样前后，滤膜称量应使用同一台分析天平。

七、讨论与思考

（1）结合环境监测中大气采样位点的设置原则和方法，简述如何才能尽量保证所采样品的代表性。

（2）在实验环境和过程操作中，干扰滤膜称量准确性的因素有哪些？如何消除或者弱化影响？

实验二十　城市空气中臭氧的测定

臭氧（O_3）是氧气（O_2）的一种同素异形体，具有极强的氧化性和杀菌性能，是自然界最强的氧化剂之一。自然界中的臭氧主要分布于平流层中，形成的臭氧层能够有效地抵挡紫外线的辐射，保护地球生物免受紫外线的伤害。国际环境空气质量标准提出，人在 1 h 内可接受臭氧的极限浓度为 260 $\mu g/m^3$，如果在 320 $\mu g/m^3$ 臭氧环境中暴露 1 h，就会引起咳嗽、呼吸困难，甚至肺功能的下降。

作为空气质量指数（air quality index，AQI）的重要影响因素之一的臭氧，主要来自交通移动源的排放，以及社会生产、生活和交通运输。化石能源燃烧所排放出来的大量 NO_x、VOCs 等污染物，也会发生光化学反应生成大量的臭氧。如果空气中臭氧的含量超标，会对植物造成损害，使植物叶片变黄以至枯萎，甚至造成粮食作物的大面积减产，从而影响经济效益甚至社会稳定。更重要的是，臭氧还能参与生物体中的不饱和脂肪酸、氨基及其他蛋白质反应。如果人长时间直接与臭氧接触，会出现咳嗽、胸闷、胸痛、恶心头痛、记忆力衰退、视力下降等症状。城市空气中含量超标的臭氧还会与尼龙、丝绵、染料、橡胶、聚酯等物料反应，导致其老化、脱色、粉碎等。

一、实验目的

（1）掌握靛蓝二磺酸钠分光光度法测定空气中臭氧浓度的原理和实验流程步骤。

（2）熟悉影响气样中臭氧吸收效果和实验测定结果的因素，掌握消除干扰的手段。

二、实验原理

空气中臭氧的检测主要涉及光谱分析和电化学分析。臭氧测定的常用方法主要有碘量法、靛蓝二磺酸钠分光光度法、紫外吸收法和化学发光法等。本次实验采用靛蓝二磺酸钠分光光度法测定空气中的臭氧浓度。在磷酸盐缓冲溶液存在的条件下，空气中的臭氧与吸收液中蓝色的靛蓝二磺酸钠等摩尔反应，靛蓝二磺酸钠溶液褪色生成靛红二磺酸钠，然后利用分光光度计在 610 nm 波长处测量吸收溶液的吸光度，从而得到吸收液中臭氧的浓度，继而得到目标空气环境中臭氧的实际含量。

三、实验器材与试剂

1. 主要器材

（1）分析天平。

（2）烘箱。

（3）电热炉。

（4）冰箱。

（5）生化培养箱/水浴锅。

（6）水银温度计。

（7）碘量瓶：250 mL。

（8）棕色容量瓶：100 mL、500 mL、1000 mL。

（9）移液管：2 mL、5 mL、10 mL。

（10）滴管。

（11）空气采样器：0～1.0 L/min 流量。

（12）多孔玻璃板吸收管：臭氧吸收液溶剂 10 mL,0.5 L/min 流量时玻璃板阻力 4～5 kPa 且气泡分散均匀。

（13）具塞比色管：10 mL。

（14）分光光度计（20 mm 光程比色皿）。

2. 主要试剂

除非另有说明，实验中所用试剂均为分析纯，操作过程中所用水均为新制备的去离子水。

（1）硫酸溶液：体积比为 1:6。

（2）溴酸钾标准贮备液（1/6KBrO$_3$,0.1 mol/L）：准确称取 1.3918 g 溴化钾（优级纯,180℃下烘干 2 h）,溶解于适量水中，转移至 500 mL 容量瓶中，用水稀释、定容至标线，保存备用。

（3）溴酸钾-溴化钾标准溶液：准确移取 10 mL 溴酸钾标准贮备液（1/6KBrO$_3$,0.1 mol/L）,置于 100 mL 容量瓶中；另称取 1 g 溴化钾（KBr）加入其中，用水稀释、定容至标线，保存备用。

（4）硫代硫酸钠标准贮备液（Na$_2$S$_2$O$_3$,0.1 mol/L）：准确称取 15.8 g 无水硫代硫酸钠，溶解于适量水中，转移至 100 mL 容量瓶中，用水稀释、定容至标线，保存备用。

（5）硫代硫酸钠标准工作液（Na$_2$S$_2$O$_3$,0.005 mol/L）：移取 25 mL 硫代硫酸钠标准贮备液，置于 500 mL 容量瓶中，用新煮沸的冷却水稀释、定容至标线，保存备用。该溶液需要现用现配。

（6）淀粉指示剂溶液（2 g/L）：准确称取 0.2 g 可溶性淀粉，用少量水调制成糊状，然后缓慢倒入 100 mL 沸水，搅拌均匀，将溶液煮沸至澄清，保存备用。

（7）磷酸盐缓冲溶液（KH$_2$PO$_4$-Na$_2$HPO$_4$,0.05 mol/L）：分别准确称取 6.8 g 磷酸二氢钾（KH$_2$PO$_4$）、7.1 g 无水磷酸氢二钠（Na$_2$HPO$_4$）,溶解于适量水中，转移至 1000 mL 容量瓶中，用水稀释、定容至标线，保存备用。

（8）靛蓝二磺酸钠（C$_{16}$H$_8$N$_2$Na$_2$O$_8$S$_2$）（简称 IDS）标准贮备液：准确称取 0.25 g 靛蓝二磺酸钠溶解于适量水中，转移至 500 mL 棕色容量瓶中，用水稀释、定容至标线，摇动均匀，暗处静置 24 h 后标定。此溶液在 20℃以下暗处存放可稳定保存 2 周,有效备用。

标定浓度方法如下：

准确移取 20 mL IDS 标准贮备液，置于 250 mL 碘量瓶中，加入 20 mL 溴酸钾-溴化钾标准溶液；加入 50 mL 去离子水，塞好瓶塞，置于生化培养箱（或水浴）中，在 15～17℃下放置到溶液温度与生化培养箱（或者水浴）中温度等同。

另移取 5 mL 硫酸溶液（体积比 1:6）,盖好塞子、摇动均匀、开始计时，于 15～17℃下暗处静置 35 min；称取 1 g 碘化钾加到溶液中，盖好塞子、摇动均匀使药剂溶解，然后于暗处静置 5 min。

用硫代硫酸钠标准工作液（Na$_2$S$_2$O$_3$,0.005 mol/L）滴定，至溶液棕色刚好褪去变为淡黄色，加入 5 mL 淀粉指示剂溶液，继续滴定到溶液蓝色褪去，至溶液变为亮黄色。

记录滴定所消耗的硫代硫酸钠标准工作液（Na$_2$S$_2$O$_3$,0.005 mol/L）体积。

靛蓝二磺酸钠标准贮备液,单位体积(mL)相当于臭氧的质量浓度(μg/mL)可以根据下式计算得到,即

$$\rho = \frac{c_1 V_1 - c_2 V_2}{V} \times 12.00 \times 10^3$$

式中:ρ——单位体积靛蓝二磺酸钠标准贮备液相当于臭氧的质量浓度,μg/mL;

　　　c_1——溴酸钾-溴化钾标准溶液的摩尔浓度,mol/L;

　　　V_1——所用溴酸钾-溴化钾标准溶液的体积,mL;

　　　c_2——滴定时所消耗的硫代硫酸钠标准工作液的摩尔浓度($Na_2S_2O_3$,0.005 mol/L);

　　　V_2——滴定时所消耗的硫代硫酸钠标准工作液的体积,mL;

　　　V——IDS 标准贮备液的体积,mL;

　　　12.00——臭氧的摩尔质量(1/4 O_3),g/mol。

(9) IDS 标准工作液:将标定好浓度后的 IDS 标准贮备液,用磷酸盐缓冲溶液逐级稀释成每毫升相当于 1 μg 臭氧的 IDS 标准工作液。该溶液在温度低于 20℃的暗处,可稳定保存 1 周,有效备用。

(10) IDS 吸收液:取适量体积的 IDS 标准贮备液(IDS 约为 0.5 g/L),根据空气中臭氧质量浓度的高低,用磷酸盐缓冲溶液稀释成每毫升相当于 2.5 μg(或者 5 μg)臭氧的 IDS 吸收液。该溶液在温度低于 20℃的暗处,可稳定保存 1 个月,有效备用。

四、实验步骤

1. 样品的采集与保存

移取 IDS 吸收液 10 mL,置于气体采样器的多孔玻璃板吸收管中,采样器外罩黑色避光套,以 0.5 L/min 流量采气 5~30 L(10~300 min)。

比较气样吸收液颜色与现场空白样品吸收液颜色,当气样吸收液褪去大约 60%颜色时,立即停止采样。当确信空气中臭氧的质量浓度较低,气样气泡不会穿透吸收液液柱时,可以用棕色玻璃板吸收管采样。

气体样品的吸收溶液在运输及存放过程中应当严格避光。气样吸收液应当在室温暗处存放,可稳定保存 3 d。

另外,用同一批次配制的 IDS 吸收液,移取等量体积,置于多孔玻璃板吸收管中,作为臭氧吸收空白样品。在气体样品的采样现场,吸收空白样品除了不采集空气样品外,其他环境及工作条件均与采集空气样品的采样管相同。每批次气体样品采集过程中,至少带两个现场空白样品。

2. 校准曲线的绘制

分别移取一定量体积的 IDS 标准溶液、磷酸盐缓冲溶液,置于一系列的 10 mL 具塞比色管中,摇动均匀,配制得到臭氧的系列标准溶液,具体可参考表 20-1 的溶液配制。

表 20-1　臭氧标准曲线系列溶液配制

编　　　号	1	2	3	4	5	6
IDS 标准溶液体积/mL	10	8	6	4	2	0
磷酸盐缓冲溶液体积/mL	0	2	4	6	8	10
臭氧质量浓度/(μg/mL)	0.0	0.2	0.4	0.6	0.8	1.0

将该系列比色管摇动均匀,用 20 mm 光程比色皿,以水为空白参比溶液,在 610 nm 波长处测量系列溶液的吸光度。以校准系列溶液中零浓度管的吸光度(A_0)与各标准色列管溶液的吸光度(A)之差为纵坐标,以对应比色管中溶液的臭氧质量浓度为横坐标,根据最小二乘法结合 Excel 得到空气中臭氧的校准曲线回归方程,即

$$y = bx + a$$

式中:y——$A_0 - A$,空白样品的吸光度与各标准色列管的吸光度之差;

x——臭氧质量浓度,μg/mL;

b——回归方程的斜率,吸光度$\times$mL/μg;

a——回归方程的截距。

3. 试样的测定

气体样品采集完成后,在吸收管的入气端口串接一个玻璃尖嘴,在吸收管的出气端口用吸耳球加压,使吸收管中的气样吸收溶液转移到 25 mL(或 50 mL)的棕色容量瓶中。

用新制备的去离子水多次洗涤吸收管,将洗涤液收集并入比色管中,用其稀释、定容至比色管 25 mL(或 50 mL)标线。用 20 mm 光程比色皿,以水为空白参比溶液,在 610 nm 处波长处测量试样溶液的吸光度。根据所得吸光度值,结合臭氧校准曲线,查得试样中臭氧的浓度。

五、实验结果分析

气体样品中臭氧的浓度可以根据下式计算得到,即

$$\rho = \frac{(A_0 - A - a) \cdot V}{bV_0}$$

式中:ρ——空气中臭氧的质量浓度,mg/m^3;

A_0——现场采样所得空白试样吸光度的平均值;

A——气体试样溶液的吸光度;

b——臭氧校准曲线的斜率;

a——臭氧校准曲线的截距;

V——气样吸收溶液的总体积,mL;

V_0——所采集的空气样品在标准状态(101.325 kPa,273 K)下的体积,L。

计算得到的结果数值精确至小数点后 3 位有效数字。

六、注意事项

(1)标定靛蓝二磺酸钠标准贮备液浓度的过程中,碘量瓶中溶液达到平衡的时间与温差有关,可以预先用相同体积的水代替溶液加入碘量瓶中,放入温度计观察达到平衡所需要的时间。另外,浓度滴定分析过程中,平行样品间滴定所消耗的硫代硫酸钠标准工作液体积不应超过 0.10 mL。

(2)空气中二氧化硫、硫化氢、过氧乙酰硝酸酯(PAN)和氟化氢的质量浓度分别高于 750 μg/m^3、110 μg/m^3、1800 μg/m^3 和 2.5 μg/m^3 时,会干扰臭氧的测定。空气中氯气、二氧化氯的存在会使臭氧的测定结果偏高,但在一般情况下,这些气体的浓度很低,不会造成显著误差。

(3)实验方法为褪色反应,吸收液的体积直接影响测量的准确度,所以装入采样管中吸

收液的体积必须准确,最好用移液管加入。采样后向容量瓶中转移吸收液应少量多次冲洗,使之尽量转移完全。装有吸收液的采样管在运输、保存和取放过程中应防止倾斜或倒置,避免吸收液损失影响测定结果准确性。

七、讨论与思考

(1) 在采集气体样品的过程中,应当注意哪些操作事项,才能保证样品吸收的质量和吸收液效率?

(2) 影响空气中臭氧测定结果准确性的主要因素有哪些? 采取怎样的针对性方式消除或者弱化干扰?

实验二十一　空气中一氧化碳的测定

通常状况下一氧化碳是无色、无臭、无味的气体,是工业生产的重要原材料和中间产物。在日常生活中煤、汽油等燃烧不充分会产生一氧化碳,污染环境并危害人们的健康。一氧化碳在物理性质上不易液化和固化,但是在化学性质上,一氧化碳既有还原性,又有氧化性,能发生氧化反应、歧化反应等。一氧化碳具有毒性,吸入它会导致人体血液携氧能力下降甚至丧失。当空气中一氧化碳浓度较高时,人们会出现不同程度的中毒症状,危害人体的脑、心、肝、肾、肺等重要器官以及身体组织。

非分散红外法

一、实验目的

掌握非分散红外法测定一氧化碳的原理和对应的仪器设备的基本操作。

二、实验原理

含有一氧化碳的空气样品抽入到非分散红外线气体分析仪内,一氧化碳选择吸收特定波长红外线,在一定的范围内,红外线的吸收值与一氧化碳浓度呈定量关系,从而根据吸收值测定空气样品中一氧化碳的浓度。

三、实验器材与试剂

1. 主要器材

(1)进样管路:应为不与一氧化碳发生化学反应的聚四氟乙烯、氟化聚乙烯丙烯、不锈钢或硼硅酸盐玻璃等材质。

(2)颗粒物过滤器:安装在采样总管与仪器进样口之间。过滤器除滤膜外的其他部分应为不与一氧化碳发生化学反应的聚四氟乙烯、氟化聚乙烯丙烯、不锈钢或硼硅酸盐玻璃等材质。仪器如有内置颗粒物过滤器,则不需要外置颗粒物过滤器。

(3)一氧化碳测定仪。

2. 主要试剂

(1)零气:零气由零气发生装置产生,也可由零气钢瓶提供(零气中不存在待测目标成分或者小于规定值,其他组分不干扰待测组分的测定)。

(2)标准气体:购用市售有证书的标准样。

(3)滤膜:聚四氟乙烯,孔径不大于 $5~\mu m$。

(4)变色硅胶:于 $120℃$ 干燥 $2~h$。

(5)一氧化碳零点校准气:高纯氮。

(6)一氧化碳量程校准气:$CO/N_2(50~mg/m^3)$。

四、实验步骤

1. 样品的采集与保存

短时间采样:在气样采集点,用现场空气样品清洗采气袋 $5\sim6$ 次,然后采集空气样品。采样结束后,立即封闭采气袋的进气阀,将所采集样品保存于清洁容器中,送抵实验室并在

24 h 内开展并完成测定分析。

样品空白：在采样现场采集清洁空气，将其与所采集的待测气样一同保存并运送回实验室开展分析测定。每批次样品不少于 2 个样品空白。

2. 仪器准备

（1）仪器使用前检查：根据使用操作手册设置各项参数，进行调试，指标包括零点噪声、最低检出限、量程噪声、示值误差、量程精密度、24 h 零点漂移和 24 h 量程漂移等。仪器运行过程中需要进行零点检查、量程检查和线性检查，根据需要进行仪器的校准。

（2）仪器校准

仪器量程应根据当地不同季节一氧化碳实际浓度水平确定。当一氧化碳浓度低于量程的 20% 时，应选择更低的量程。

仪器校准主要步骤：

① 将零气通入仪器，读数稳定后，调整仪器输出值等于零。

② 将浓度为量程 80% 的标准气体通入仪器，读数稳定后，调整仪器输出值等于标准气体浓度值。

3. 样品的测定

（1）实验室测定：按仪器操作说明，将非分散红外线气体分析仪调节至最佳测定状态。将采气袋中的样品空气通过干燥管送入仪器的气室，待读数稳定后，读取一氧化碳的浓度。

（2）现场测定：在采样现场使用非分散红外线气体分析仪，按仪器操作使用说明，将分析仪调节至最佳工作状态。直接将空气样品采入仪器内测定，待仪器读数稳定后，读取并记录一氧化碳浓度。

五、实验结果分析

空气样品中一氧化碳的质量浓度，可以根据下式计算得到，即

$$\rho = \frac{28}{24.5} \times \varphi$$

式中：ρ——空气中一氧化碳的质量浓度，mg/m³；

φ——一氧化碳的体积浓度，μ mol/mol；

28——一氧化碳的摩尔质量，g/mol；

24.5——参比状态下的一氧化碳的摩尔体积，L/mol。

六、注意事项

利用非分散红外法测定时，更换采样系统部件和滤膜后，应以正常流量采集至少 10 min 样品空气，进行饱和吸附处理，其间产生的测定数据不作为有效数据。

七、讨论与思考

在环境空气中一氧化碳的仪器测定过程中，需注意哪些可能影响测定结果准确性的因素，如何避免或者弱化干扰？

气相色谱法

一、方法目的

（1）掌握气相色谱法测定一氧化碳的仪器操作流程与方式。

（2）掌握气相色谱法所用一氧化碳标准气体的配制方法。

二、方法原理

空气中的一氧化碳用采气袋采集,直接进样。在氢气中,一氧化碳经分子筛与碳多孔小球串联柱分离,通过镍催化剂转化为甲烷,用火焰离子化检测器检测,以保留时间定性,峰高或峰面积定量。

三、实验器材与试剂

(1) 采气袋:容积为 $1\sim10$ L。

(2) 空气采样器:流量 $0\sim500$ mL/min。

(3) 注射器:1 mL、100 mL。

(4) 气相色谱仪:火焰离子化检测器。

(5) 一氧化碳标准气体:购用市售有证的标准品。

四、实验步骤

1. 气样的采集和保存

采用与非分散红外法相同的样品采集、运输、保存方式,获得并盛存目标空气环境中的待测气体样品。

2. 样品预处理

将采过样的采气袋放在测定标准系列的实验室供测定。计算时乘以稀释倍数。

3. 校准曲线的绘制

取 $5\sim8$ 支 100 mL 的气密式玻璃注射器,用清洁空气稀释标准气为 $0.00\sim0.50$ $\mu g/mL$ 浓度范围的一氧化碳标准系列。参照仪器操作条件,将气相色谱仪调节至最佳测定状态,进样 1.0 mL,分别测定标准系列各浓度的峰高或峰面积。以测得的峰高或峰面积对相应的一氧化碳浓度($\mu g/mL$)绘制标准曲线或计算回归方程,其相关系数应不小于 0.999。

4. 样品的测定

用测定标准系列的操作条件测定样品气和样品空白气,测得的峰高或峰面积值根据标准曲线得到样品气中一氧化碳的质量浓度($\mu g/mL$)。

五、实验结果分析

目标空气中一氧化碳的实际质量浓度,可以按照下式计算得到,即

$$C = \frac{C_0}{1000}$$

式中:C——空气中一氧化碳的质量浓度,mg/m^3;

C_0——采得的样品气中一氧化碳的质量浓度(减去样品空白),$\mu g/mL$。

六、注意事项

利用非分散红外法测定时,更换采样系统部件和滤膜后,应以正常流量采集至少 10 min 样品空气,进行饱和吸附处理,其间产生的测定数据不作为有效数据。

七、讨论与思考

如果气样中一氧化碳浓度超过测定范围,用清洁空气稀释一定倍数,有哪些操作要求?

定电位电解法

一、实验目的

熟悉定电位电解法的基本原理,掌握定电位测定仪的使用操作。

二、方法原理

将气体样品抽取到测定仪的传感器中,气样中的一氧化碳会在测定仪的敏感电极上发生氧化反应($CO+2H_2O \longrightarrow CO_3^{2-}+4H^++2e^-$),反应中产生的电子形成极限扩散电流。在规定的工作条件下,电子转移数、气体扩散面积、扩散层厚度、扩散系数、法拉第常数等均为定值。在一定的范围中,测定得到的扩散电流与气样中一氧化碳含量成正比,因此可以通过极限扩散电流来对应地表征气体样品一氧化碳浓度,进而得到目标空气环境中的一氧化碳含量。

三、实验器材与试剂

(1)一氧化碳标准气体:购用市售有证标准品。

(2)零气。

(3)定电位一氧化碳测定仪。

(4)气样袋:聚四氟乙烯或铝塑复合膜材质。

四、实验步骤

1. 仪器的准备

(1)将零气导入测定仪中,按照使用说明手册校准仪器的零点。

(2)预估待测气体中一氧化碳浓度,设置校准量程。用标准气体将干净的气样袋反复充满排空 3 次,然后充满,按照测定仪使用说明手册进行仪器校准量程。

2. 样品的测定

(1)将测定仪采样管前端置于排气筒采样点上,密封堵严采样孔,确保不漏气。

(2)启动抽气泵,用设定的流量采集待测气样。待仪器状况稳定后,连续测定 5~15 min,测定过程中按分钟保存测定结果数据,取平均值作为单次测定数值。

(3)每次测定完成后,按照使用说明要求清洗仪器。实验完成后,用零气清洗仪器,待数值显示回归零点后,关闭仪器结束测定。

五、实验结果分析

以标准状态下一氧化碳的质量浓度表示测定结果,结果的换算可以按照下式得到,即

$$\rho = 1.25x$$

式中：ρ——标准状态下干烟气中一氧化碳的质量浓度,mg/m^3;

x——测定得到的一氧化碳体积分数,$\mu mol/mol$;

1.25——一氧化碳体积比浓度换算成标准状态下质量浓度的换算系数,g/L。

六、注意事项

(1)定电位电解法中仪器使用要在使用说明要求的温度、湿度环境条件下工作。

(2)如果现场分析测定,进入定电位测定仪的气体温度不能高于 40℃。

七、讨论与思考

空气样品的采集与工作场所样品的采集有哪些相同原则和不同要求?

Ⅲ 土壤中监测指标的测定

金属镉并不是人体必需的元素。作为备受关注的重金属污染元素之一,镉元素有毒,其化合物毒性更大,如果镉的摄入量超标,可能导致镉中毒。在自然界中,镉元素一般作为锌的伴生矿存在,单独矿物不多。金属镉原本以相对稳定的形式存在,与人类交集并不多。但是,随着工业化的发展,以及镉在冶金、印染、电镀、化工、建材等行业中的普遍使用,使镉以多种形式、大量地进入生态环境中。如果通过与镉污染的空气、水体接触,特别是在未知状况下长期食用镉污染土壤生产的食物,会造成镉在人体内的累积,而镉在人体内的代谢缓慢,对人体多器官形成严重的健康危害,引起包括疼痛病在内的重大疾病。因此,世界卫生组织将镉列为重点研究的食品污染物,国际癌症研究机构将镉归类为人类致癌物,会对人类造成严重的健康损害,美国毒物和疾病登记署将镉列为第七位危害人体健康的物质,我国也将镉列为实施排放总量控制的重点监控指标之一。

一、实验目的

(1)掌握土壤样品中镉的湿法消解处理原理和步骤流程。

(2)了解火焰原子吸收分光光度法测定金属元素镉的技术原理。

二、实验原理

土壤中金属元素的测定方法主要包括火焰原子吸收分光光度法、石墨炉原子吸收分光光度法、氢化物-原子荧光光谱法、电感耦合等离子体发射光谱法、KI-MIBK 萃取火焰原子吸收分光光度法、阳极溶出伏安法等。本次实验以实验室通常使用的火焰原子吸收分光光度法测定土样中金属元素镉的含量。

土壤样品中包括镉、铅、铜、锌、铁、铬、镍、锰等在内的多种金属元素,都可以通过加入盐酸、硝酸、高氯酸、氢氟酸或者几种酸的混合溶液,在中高温的加热过程中彻底破坏土壤的矿物晶格,使得样品中的待测目标元素全部进入溶液中。而后,将消解完全、处理好的试样溶液直接吸入原子吸收分光光度计的空气-乙炔火焰,在火焰中形成镉元素的基态原子蒸气,对空心阴极灯光源发射的特征电磁辐射谱线产生选择性吸收。在选择得到的最佳检测条件下,将测得的试样溶液吸光度扣除全程序试剂空白吸光度,与标准溶液的吸光度进行比较,从而得到土壤样品中镉元素的含量。

三、实验器材与试剂

1. 主要器材

(1)分析天平。

(2)恒温水浴锅。

(3)带盖聚四氟乙烯坩埚。

（4）电热板。

（5）土筛：0.149 mm。

（6）烘箱。

（7）容量瓶：50 mL、1000 mL。

（8）滴管。

（9）移液管：1 mL、2 mL、5 mL、10 mL。

（10）火焰原子吸收分光光度计：镉空心阴极灯、氩气钢瓶。

仪器工作条件因品牌型号各异，可以表 22-1 相关数值作为参考。

表 22-1　火焰原子吸收分光光度计分析金属镉的工作条件

目标元素	镉（Cd）
光源	空心阴极灯
测定波长/nm	228.8
通带宽度/nm	1.3
灯电流/mA	7.5
火焰类型	空气-乙炔，氧化型，蓝色火焰

2. 主要试剂

除非另有说明，实验中所用试剂均为分析纯。

（1）镉的标准贮备液（1 g/L）：准确称取金属镉粉（光谱纯）1.000 g，置于 50 mL 的硝酸溶液（体积比 1∶5）当中，微热使之溶解。待溶液冷却后，转移到 1000 mL 容量瓶中，用去离子水稀释、定容至标线。

（2）镉的标准使用液（5 mg/L）：准确移取 5 mL 镉的标准贮备液（1 g/L），置于 1000 mL 容量瓶中，用去离子水稀释、定容至标线，摇动均匀、备用。

另外，准确移取 5 mL 上述操作中得到的稀释溶液，置于 100 mL 容量瓶中，用去离子水稀释、定容至标线，摇动均匀、备用。此时所得溶液即为浓度 5 mg/L 的镉的标准使用液。

镉的标准使用液也可以通过购买已知浓度的标准试剂，或者根据需要用去离子水稀释配成。

（3）盐酸：优级纯。

（4）硝酸：优级纯。

（5）硝酸溶液：体积比 1∶5。

（6）氢氟酸：优级纯。

（7）高氯酸：优级纯。

四、实验步骤

1. 样品的采集、保存和预处理

在目标地块采集土壤样品（一般不少于 500 g），将所得土样混匀后，用四分法缩分至约 100 g。将缩分后的土样经风干（自然风干或冷冻干燥）后，除去土样中的砂石、动植物残体等杂质。用木棒（或玛瑙棒）研压磨碎，通过 2 mm 尼龙筛（用以除去 2 mm 以上的砂砾），翻动混合均匀。用玛瑙研钵继续研磨通过 2 mm 尼龙筛的土样，使其至全部通过 100 目（直径 0.149 mm）的尼龙筛，将所得过筛样品翻动并混合均匀，备用。

如果样品需要长时间保存,应将其置于封口袋中密封,标识样品信息,然后在冰箱中 4℃下避光保存、备用。

2. 试样的制备

(1) 准确称取 0.3000~0.5000 g 土壤样品,置于 50 mL 的聚四氟乙烯坩埚中。用水润湿后,加入 5 mL 盐酸,置于通风橱内的电热板上低温加热,使样品初步分解,当蒸发至剩余 2~3 mL 时,将坩埚取下稍冷。

(2) 向坩埚中加入 5 mL 硝酸、4 mL 氢氟酸、2 mL 高氯酸,然后加盖置于电热板上,中温继续加热 1 h 左右。开盖继续加热,目的是去除土样中的硅。为了达到良好的飞硅效果,应当不时地摇动坩埚。

(3) 当持续加热至坩埚冒浓厚的高氯酸白烟时,坩埚加盖,使土样中黑色的有机碳化物充分分解。待坩埚内的黑色有机物消失后,开盖驱赶白烟并蒸至内容物呈黏稠状。

(4) 根据上述消解过后的结果,可再加入 2 mL 硝酸、2 mL 氢氟酸、1 mL 高氯酸,重复上述消解过程。当白烟再次基本冒尽且坩埚内容物呈黏稠状时,取下稍冷,用水冲洗坩埚盖和内壁,加入 1 mL 硝酸溶液(体积比 1∶5)、温热溶解残渣。

(5) 将坩埚中溶液转移至 50 mL 容量瓶中,待溶液冷却后,用水稀释、定容至标线,摇动均匀、备测。同时做全程序的试剂空白试验。

3. 校准曲线的绘制

分析移取镉的标准使用液 0 mL、0.50 mL、1.00 mL、2.00 mL、3.00 mL、4.00 mL、5.00 mL,置于一系列的 50 mL 容量瓶中。用体积比 2% 的硝酸溶液稀释、定容至标线,摇动均匀、备测。此系列容量瓶中,镉的含量依次为 0 μg/mL、0.05 μg/mL、0.10 μg/mL、0.20 μg/mL、0.30 μg/mL、0.40 μg/mL、0.50 μg/mL。测定吸光度,以标准溶液中镉的浓度作为横坐标,吸光度作为纵坐标,绘制校准曲线。

五、实验结果分析

1. 样品的测定

(1) 校准曲线法:按绘制校准曲线的条件测定试液的吸光度,扣除试剂空白的吸光度,从校准曲线上查得镉的含量。

(2) 标准加入法:分取试样溶液 5.0 mL,置于 4 个 10 mL 的容量瓶中,分别加入镉的标准使用液(5 mg/mL)0 mL、0.50 mL、1.00 mL、1.50 mL,用体积比 2% 的硝酸溶液稀释、定容至标线,用曲线外推法求得试样中镉的含量。

假设土样溶液中镉的质量浓度为 ρ_X。相应地,加标后的浓度依次为 ρ_X、$\rho_X + \rho_{标}$、$\rho_X + 2\rho_{标}$、$\rho_X + 3\rho_{标}$,对应的吸光度依次为 A_X、A_1、A_2、A_3。由此绘制 A-ρ 的曲线,由图可知所得的曲线不过原点,其结果所反映的吸光度即为待测溶液中镉元素的吸光度。外延曲线与横坐标相交,原点与交点的距离就是待测溶液中镉元素的质量浓度。

2. 土样中镉的含量

$$\omega_{Cd} = \frac{cV}{m}$$

式中:ω_{Cd}——土样中镉的含量,μg/g;

c——从校准曲线上查得的镉的质量浓度,μg/mL;

V——土壤试样的定容后体积,mL;

m——称取的土壤样品的质量,g。

六、注意事项

(1) 土样的消解过程中,加入高氯酸后须防止溶液蒸干,否则土壤中存在铁盐或者铝盐会形成难溶的金属氧化物包裹镉,造成测定结果偏低。

(2) 镉是原子吸收法最灵敏的元素之一,其分析线波长 228.8 nm 处于紫外区,很容易受光散射和分子吸收的干扰。在 220.0～270.0 nm,氯化钠有强烈的分子吸收能力,覆盖了 228.8 nm 线。此外,钙、镁的分子吸收和光散射也十分强。这些因素使镉的表观吸光度增大。直接火焰法一般只能测定受污染土壤中的铅、镉和含铅、镉较高的土壤试样,且在使用直接火焰法测定时,最好使用背景扣除装置或者用标准加入法。

(3) 实验过程中务必做好个人防护、规范操作。实验中所有的消解和赶酸等相关步骤环节,必须在通风橱中完成。另外,高氯酸具有强氧化性且受热易于爆炸,因此在使用过程中要注意安全,并根据实际情况优化调整、适量添加。

(4) 为了提高土样消解步骤工作效率,也可以利用微波消解仪,使土壤样品与混合酸溶液吸收微波能量后,增加整体的反应活性,从而在高温、高压条件下,将土样中的金属镉释放到酸溶液中来。采用密闭的微波消解装置,利用配制的消解罐,能够一次性完成多个样品的预处理工作。消解仪的功率通常为 400～1600 W,感应温控精度为±2.5℃。

微波消解的一般流程如下:

① 准确称取干燥、过筛的样品 0.2～0.5 g(精确到 0.1 mg),置于消解罐中,用少量水润湿。在通风橱中,依次向罐中加入 3 mL 盐酸、6 mL 硝酸、2 mL 高氯酸,使样品与混酸溶液混合均匀,并待其反应几分钟,溶液中没有明显的气泡产生,再用随机带有的专业扳手将罐盖拧紧到位。

② 将消解罐安装在消解支架上,放入微波消解仪的炉腔体内,确认温度和压力传感器连接到位并正常工作。参考表 22-2 中升温程序进行消解设置,当控温程序执行完毕后,通风冷却,待消解罐温度降至室温,在通风橱内取出消解罐,缓慢打开释放压力,然后完全开盖。

表 22-2　微波消解升温程序

步骤	升温时间/min	目标温度/℃	保持时间/min
1	5	100	2
2	5	150	3
3	5	180	25

将消解罐转移到自动控温赶酸器中,用少许水冲洗消解罐盖子内面,一并汇集到消解罐中,然后在中温条件下加热赶酸。当溶液浓缩成黏稠状时,稍微冷却,用滴管移取少量体积比 2% 硝酸溶液冲洗罐体内壁,利用其溶解附着在内壁上的残渣。

③ 待溶液冷却后,转移到 50 mL 容量瓶中,然后用体积比 2% 硝酸溶液多次冲洗罐体内壁,冲洗液并入容量瓶中,最后用体积比 2% 硝酸溶液稀释、定容至标线。将容量瓶摇动均匀,至少静置 1 h,取上清液测定其中镉浓度。

七、讨论与思考

（1）通过哪些手段或者方式，可以使土壤固体完全地溶解到混酸中？

（2）当消解后的混酸溶液有不同程度黄色，或者有少量的白色（或者透明）颗粒，甚至是黑色粉末斑痕的时候，是否会对测定结果产生影响？有的话如何避免？

（3）除了适当提高消解温度外，还有哪些可行性措施或者手段，提高消解或者赶酸效率？

实验二十三　土壤中金属元素的微波消解

　　利用酸溶液,可以在加热条件下溶解土壤矿物成分,使土壤中的金属元素脱离土壤束缚,释放到酸溶液中,从而实现提取目的。但是,一般在常温常压下,通过电热板加热盛有土壤和酸溶液的坩埚,需要时间过长,如果遇到不容易消解完全的土壤样品,会大大增加消解用时,从而严重影响土壤金属元素的测定效率。因此,为了提高消解效率,可以利用微波消解仪通过微波密闭加热,提高反应温度和压力,促进酸与土壤固态成分的溶解反应,保证实验效率。

一、实验目的

　　(1)掌握微波消解法处理土壤样品的方法原理和实验操作步骤。
　　(2)熟悉影响土壤消解效果的因素,掌握消除干扰消解效果的方式。

二、实验原理

　　含有重金属等待测分析元素的土壤样品,在微波消解仪中,处于高温高压条件下,与消解罐中的混合酸溶液发生反应,使土壤矿物等固体成分溶解于酸溶液,并释放出土壤样品中的目标金属元素,从而实现对样品中金属元素的高效溶解提取。

三、实验器材与试剂

　　1. 主要器材
　　(1)分析天平。
　　(2)微波消解仪:带盖聚四氟乙烯消解罐,自动控温加热器(用于赶酸)。
　　(3)具塞比色管:25 mL 或 50 mL,或者相同容积容量瓶。
　　(4)移液管:1 mL、5 mL、10 mL。
　　(5)滴管。
　　(6)冷冻干燥机。
　　(7)冰箱。
　　(8)尼龙筛。
　　2. 主要试剂
　　除非另有说明,实验中所用试剂均为优级纯,操作中所用水均为新制备的去离子水。
　　(1)盐酸。
　　(2)硝酸。
　　(3)氢氟酸。
　　(4)高氯酸。
　　(5)硝酸溶液:体积比 1∶1、体积比 1∶99。

四、实验步骤

　　1. 样品的采集与保存
　　将采集得到的土壤样品手动破碎,拣除树叶、草根、砂石等杂质。经阴凉风干(或者冷冻干燥)后,过 0.15 mm 尼龙筛。在 4℃下密封、避光、冷藏,保存备用。

2. 土样的消解

(1)适用于铜、锰、铅、锌、镉、铬、镍、钴、钒、钡、铍、铊等金属元素的消解。

① 消解过程。

准确称取一定量(0.2500~0.5000 g)的土样,置于带盖的聚四氟乙烯消解罐中,滴加少量水使土壤样品刚好润湿。

在通风橱内,向消解罐中加入 3 mL 盐酸、6 mL 硝酸、2 mL 氢氟酸,轻轻摇动消解罐,待罐内溶液反应几分钟。待溶液没有明显气泡产生,观察溶液状态稳定后,将消解罐加盖拧紧。

按照仪器使用要求,将消解罐安放于消解仪炉腔内,连接好温度传感器、压力传感器连接线。按照设置好的升温程序,开始微波消解过程(参考表 23-1 中升温程序的设定,也可以按照实际情况优化设置)。

表 23-1 微波消解仪升温程序设定参考(1)

升温时间/min	消解温度/℃	保持时间/min
7	25→120	3
5	120→160	3
5	160→190	25

② 赶酸过程。

消解程序结束后,待消解罐冷却后取出,在通风橱内小心缓慢释放压力,打开消解罐,用尽量少的水冲洗盖子内侧和消解罐上端内壁。将消解罐安置于自动控温器中,根据实际情况设置中高温度进行赶酸浓缩操作。

待消解罐内溶液浓缩到少于 1 mL 时,用硝酸溶液(体积比 1∶99)冲洗消解罐内壁,将溶液转移至具塞比色管中,用硝酸溶液(体积比 1∶99)稀释、定容至标线,摇动均匀,溶液至少静置 1 h 后,取上清液测定待测金属元素。

(2)适用于汞、砷、铋、锑、硒等元素的消解。

① 消解过程。

准确称取一定质量(0.2500~0.5000 g)的土样,置于带盖的聚四氟乙烯消解罐中,滴加少量水使土壤样品刚好润湿。

在通风橱内,向消解罐中加入 3 mL 盐酸、2 mL 硝酸,轻轻摇动消解罐,使罐内溶液充分混合均匀。待溶液中没有明显气泡产生,观察溶液状态稳定后,将消解罐加盖拧紧。

按照仪器使用要求,将消解罐安放于消解仪炉腔内,连接好温度传感器、压力传感器连接线。按照设置好的升温程序(可参考表 23-2,或根据具体实验情况优化设置),开始微波消解过程。

表 23-2 微波消解仪升温程序设定参考(2)

升温时间/min	消解温度/℃	保持时间/min
7	25→120	3
10	120→180	15

② 溶液的制备。

消解程序结束后,待消解罐冷却后取出,在通风橱内小心缓慢释放压力,打开消解罐,用尽量少的水冲洗盖子内侧和消解罐上端内壁。

用水冲洗消解罐盖子内侧和罐子上端内壁,将溶液转移至具塞比色管中,用水稀释、定容至标线,摇动均匀,溶液至少静置 1 h 后,取上清液测定待测金属元素。

五、注意事项

(1) 利用酸法进行微波消解,需要在通风橱内开展,做好个人防护、规范操作,避免接触消解溶液,保证实验安全。

(2) 消解后,如果消解罐中有黑色残渣,说明含碳化合物氧化不完全,需要向消解罐中补加 2 mL 硝酸、1 mL 氢氟酸、1 mL 高氯酸,然后重复消解过程,至黑色物质消失。补加酸的用量可以根据实际情况,或者根据仪器使用要求添加,其中注意高氯酸的用量(一般少量添加,0.5～1 mL)。

(3) 称量土壤样品的质量,需根据其中待测目标元素的含量确定。当土样中金属元素含量高时,可以适当减少称量质量;当待测元素含量较低时,可以适当增加土样用量,但是需要综合考虑消解罐中混合酸的用量,避免造成因为土壤过多而影响消解效果、消解次数和赶酸时长。

(4) 消解结束后,一定待消解罐充分冷却至室温后再小心开启。同时,做好个人防护,规范操作,保证实验安全。

(5) 实验中所用器材,使用前后需要用硝酸溶液(体积比 1∶1)浸泡清洗,然后依次用自来水、去离子水多次冲洗干净,干燥、避尘条件下晾干备用。

六、讨论与思考

(1) 土壤样品的消解溶液大多会呈现一定的颜色,是什么原因造成的?

(2) 影响土壤消解效果的因素有哪些?可以采取哪些手段去除或者弱化?

实验二十四　土壤酸度的测定

　　土壤中存在着各种化学和生物化学反应,会使土壤表现出不同的酸性或碱性。土壤酸碱性的强弱,常以酸碱度来衡量。土壤之所以呈酸性,是因为在土壤中存在少量的氢离子和氢氧离子,当氢离子的浓度大于氢氧离子的浓度时,土壤呈酸性。

　　根据土壤中氢离子的存在方式,土壤酸度可分为两大类:活性酸度和潜性酸度。活性酸度又称为有效酸度,是土壤溶液中氢离子浓度的直接体现,通常用 pH 值表示。活性酸度的来源主要是 CO_2 溶于水形成的碳酸和有机物质分解产生的有机酸,以及土壤中矿物质氧化产生的无机酸,还有施用的无机肥料中残留的无机酸,如硝酸、硫酸和磷酸等。此外,由于大气污染形成的大气酸沉降,也会使土壤酸化,所以它也是土壤活性酸度的一个重要来源。土壤潜性酸度是土壤胶体吸附的可代换性 H^+ 和 Al^{3+} 的体现。当这些离子处于吸附状态时,是不显酸性的,但当它们通过离子交换作用进入土壤溶液之后,即可增加土壤溶液的 H^+ 浓度,使土壤的 pH 降低。造成土壤污染的工矿企业废水大多具有不同程度的酸性,会导致土壤的酸碱性发生明显的变化。酸碱性的变化会影响土壤的酸碱背景值、土壤养分及肥力、土壤颗粒胶体的形成与溶解,严重影响植物正常的生长和粮食作物的生产,干扰土壤中离子的正常迁移转化,造成土壤原始状态的破坏和环境质量下降。

一、实验目的

　　(1) 熟悉土壤的活性酸度与潜性酸度的区别,以及测定原理与方式。
　　(2) 掌握不同酸度的实验测定方法和具体的操作环节步骤及细节。

二、实验原理

　　土壤中活性酸度通过 pH 测定得到,即以水作为浸提剂,在水土比为 2.5∶1 时提取土壤中的 H^+,用指示电极或参比电极或 pH 复合电极浸没到土壤的悬浊液中,构成原电池结构。在一定的温度下,该原电池结构的电动势与悬浊液的 pH 值有关系,通过测定该原电池的电动势就可以得到土壤的 pH 值。

　　土壤潜性酸度的测定通过氯化钾溶液提取、碱液滴定得到,即首先取一定量的氯化钾溶液,反复淋洗土壤样品,使土壤样品胶体中的可交换铝和可交换氢被钾离子置换出来,以氢离子和铝离子的形式进入置换溶液中,置换基本过程为:

$$H^+ - | \text{土壤胶体} | - Al^{3+} + 3KCl \Longleftrightarrow | \text{土壤胶体} | - 3K^+ + Al^{3+} + 3Cl^-$$

将提取完成后得到的土壤淋洗液,取一定体积用氢氧化钠标准溶液滴定,根据氢氧化钠消耗量计算土壤中潜性酸度。对于可交换铝的分析,可以取一定体积的土壤提取溶液,加入适量的氟化钠溶液,使氟离子与铝离子形成络合物,然后再用氢氧化钠标准溶液滴定,所得到的是土壤中可交换氢的含量。因此,可交换铝的含量可以通过可交换酸度减去可交换氢得到。

三、实验器材与试剂

1. 主要器材

(1) 分析天平。

（2）烘箱。

（3）马弗炉。

（4）pH 计。

（5）磁力搅拌器。

（6）土样筛。

（7）容量瓶：250 mL、1000 mL。

（8）聚乙烯瓶。

（9）滴定台：微量滴定管（最小刻度 0.02 mL）。

（10）移液管：5 mL、25 mL。

（11）量筒：100 mL。

（12）滴管。

2. 主要试剂

除非另有说明，实验中所用试剂均为分析纯，操作过程中所用水为新煮沸的蒸馏水。

（1）盐酸溶液（1.0 mol/L）：移取 83 mL 的浓盐酸（1.19 g/mL），用蒸馏水稀释、定容到 1000 mL 容量瓶中。

（2）氯化钾溶液（1.0 mol/L）：准确称取 74.55 g 氯化钾，溶解于水中，转移到 1000 mL 容量瓶中，用水稀释、定容至标线，摇动均匀，备用。

（3）邻苯二甲酸氢钾标准溶液（0.01 mol/L）：准确称取 0.5106 g（基准级，110℃、烘干 2 h）邻苯二甲酸氢钾，溶解于水中，转移到 250 mL 容量瓶中，用水稀释、定容至标线，摇动均匀，备用。

（4）氢氧化钠标准溶液（0.01 mol/L）：称取 0.4 g 氢氧化钠溶解于水中，搅拌，待溶液冷却后，转移到 1000 mL 容量瓶中，用水稀释、定容至标线，摇动均匀；转移到聚乙烯瓶中保存，备用。使用前，用邻苯二甲酸氢钾标准溶液标定浓度。

标定方法：准确移取 25 mL 邻苯二甲酸氢钾标准溶液，置于烧杯中，并在其中放入搅拌子，插入电极时用氢氧化钠溶液滴定，直到溶液 pH 值为 7.80±0.08，且稳定至少 30 s。上述滴定重复测定 3 次，取 3 次滴定结果的均值，另外做空白试验。

氢氧化钠标准溶液的浓度按照下式计算得到，即

$$C = \frac{C_0 \cdot V_2}{V_1 - V_0}$$

式中：C——氢氧化钠标准溶液摩尔浓度，mol/L；

　　　C_0——邻苯二甲酸氢钾标准溶液摩尔浓度，mol/L；

　　　V_0——滴定空白时消耗的氢氧化钠溶液体积，mL；

　　　V_1——标定邻苯二甲酸氢钾标准溶液时，消耗的氢氧化钠溶液体积，mL；

　　　V_2——取用的邻苯二甲酸氢钾标准溶液的体积，mL。

（5）氟化钠溶液（1.0 mol/L）：称取 42 g 氟化钠溶解于水中，用配制的盐酸溶液（1.0 mol/L）调节其 pH 值为 7。将溶液转移到 1000 mL 容量瓶中，用水稀释、定容至标线，摇动均匀，备用。

（6）石英砂：过 0.600～0.250 mm（30～60 目）样品筛，使用前在 300℃ 下加热烘干 2 h。

（7）pH标准缓冲溶液：利用pH值分别为4.01、6.86、9.18的成品药剂，根据使用说明配制。

四、实验步骤

1. 样品的采集与保存

将采集所得的土壤样品手动破碎、拣除杂质，在背光处自然风干。土样经过粉碎研磨、四分法缩分后，过2 mm土样筛。制备得到的土样可在密闭环境中，避光、避湿、避高温的条件下保存，备用。

2. 样品的预处理

（1）测定pH值的土样

称取10 g土壤样品，置于50 mL高腰烧杯中，加入25 mL新煮沸冷却后的蒸馏水，放入搅拌子，用封口膜封闭烧杯口，置于磁力搅拌器上（或者将烧杯安置在水平振荡器中），剧烈搅拌2 min。振荡结束，取下烧杯，静置30 min，然后用pH计测定上清液酸碱度。pH值的测定需在1 h内完成。

（2）测定潜性酸度的土样

准确称取5 g风干或者冷冻干燥后的土壤样品，放置在铺好滤纸的漏斗中。用氯化钾溶液少量多次地、间歇式地淋洗土样，即待每次加入漏斗中的氯化钾溶液透过滤纸滤干后，再重复加入、重复操作。

土样淋洗所得的滤液，收集在250 mL容量瓶中，当体积接近标线时，用氯化钾淋洗液定容至标线。

按照上述相同的过程和操作步骤，以石英砂作为替代品，开展空白样品的淋洗并收集所得滤液。

3. 试样的测定

（1）pH值的测定

① pH计的校准

在校准过程中，至少使用两种pH的标准缓冲溶液。即可以先用pH值为6.86的标准缓冲溶液校准，再用pH值为4.01或9.18的标准缓冲溶液校准。校准方式如下。

将盛有标准缓冲溶液、内置有搅拌子的烧杯，放置在磁力搅拌器上，打开搅拌器。将标准缓冲溶液温度控制在(25±1)℃，温度计测量标准缓冲溶液的实际温度，将pH计的温度补偿旋钮调节到25℃。

将pH计的玻璃电极插入标准缓冲溶液中，待其读数稳定后，调节pH的数值与所配制的标准缓冲溶液pH值一致。

用另外一种标准缓冲溶液，重复上述校准操作步骤，使得pH计的数值与标准缓冲溶液的pH差值不超过0.02个单位。

② 试样的测定

将试样的温度控制在(25±1)℃，使其与标准缓冲溶液的温差不超过2℃。将pH计的电极插入土壤的悬浊液中，探头要浸入液面以下、悬浊液深度的1/3～2/3处，轻轻摇动试样。待pH计读数稳定后，记录pH值。

每个土壤样品的试样测定完毕后，要立刻用蒸馏水冲洗干净，并用滤纸将电极外的水吸干，以备下一个样品的测定。

（2）潜性酸度的测定

① 可交换酸度的测定

移取 100 mL 土壤淋洗滤液，置于烧杯中，煮沸 5 min，使其中可能存在的二氧化碳挥发殆尽。待溶液冷却至室温后，用 pH 计作为终点指示，用标定过浓度的氢氧化钠标准溶液滴定，至 pH 值到 7.80±0.08，记录氢氧化钠溶液的消耗体积。

相同地，以石英砂做空白试样，用氢氧化钠标准溶液滴定 100 mL 空白试样的淋洗滤液，记录氢氧化钠标准溶液的消耗体积。

② 可交换氢的测定

移取 100 mL 土壤淋洗滤液，置于烧杯中，加入 2.5 mL 的氟化钠溶液，煮沸 5 min，使其中可能存在的二氧化碳挥发殆尽。待溶液冷却至室温后，用 pH 计作为终点指示，用标定过浓度的氢氧化钠标准溶液滴定，至 pH 值到 7.80±0.08，记录氢氧化钠溶液的消耗体积。

相同地，也以石英砂做空白试样，用氢氧化钠标准溶液滴定 100 mL 空白试样的淋洗滤液，记录氢氧化钠标准溶液的消耗体积。

五、实验结果分析

1. pH 值的测定结果

土壤试样的悬浊液，通过 pH 计测得的数值保留小数点后 2 位有效数字。当 pH 数值小于 2，或者大于 12 的时候，则将结果分别表示为 pH 小于 2.00，或者 pH 大于 12.00。

样品试样至少要测定一组平行样，平行样之间的测定结果允许差值不超过 0.3 个 pH 单位。

2. 潜性酸度的测定结果

土样中潜性酸度的计算按照下式得到，即

$$E_A = \frac{(V_1 - V_{空}) \times C_{NaOH} \times 1000 \times V}{V_s \times m} \times \frac{100 + w}{100}$$

式中：E_A——烘干土壤的潜性酸度，mmol/kg；

V_1——滴定土壤样品的淋洗溶液所消耗氢氧化钠标准溶液的体积，mL；

$V_{空}$——滴定空白样品的淋洗溶液所消耗氢氧化钠标准溶液的体积，mL；

C_{NaOH}——氢氧化钠标准溶液的摩尔浓度，mol/L；

V——淋洗溶液的定容体积，mL；

V_s——滴定时移取的淋洗溶液体积，mL；

m——风干土壤样品的质量，g；

w——风干土壤的含水率，%。

土样中可交换氢含量的计算方式即

$$E_{H^+} = \frac{(V_2 - V_0) \times C_{NaOH} \times 1000 \times V}{V_s \times m} \times \frac{100 + w}{100}$$

式中：E_{H^+}——土样中可交换氢的含量，mmol/kg；

V_2——加入氟化钠后，滴定土样试样所消耗的氢氧化钠标准溶液的体积，mL；

V_0——加入氟化钠后，滴定空白试样所消耗的氢氧化钠标准溶液的体积，mL。

土样中可交换铝含量的计算方式即

$$E_{Al} = E_A - E_{H^+}$$

式中：E_{Al}——土样中可交换铝的含量，mmol/kg；

      E_A——烘干土壤的潜性酸度，mmol/kg；

      E_{H^+}——土样中可交换氢的含量，mmol/kg。

当测定所得结果小于 1.0 mmol/kg 时，将数值保留到小数点后 2 位有效数字；当结果不小于 1.0 mmol/kg 时，将数值保留 3 位有效数字。

六、注意事项

(1) 选择用来校准 pH 的两种标准缓冲溶液，其中一种的 pH 值应当与土壤样品的 pH 值相差不超过 2 个 pH 单位。如果相差过大，可参考表 24-1 选择合适的标准缓冲溶液校准。

表 24-1　25℃下不同 pH 值的标准缓冲溶液

标准缓冲溶液 pH 值	名称	分子式	浓度/(mol/kg)	1 L 配制用量/g
1.68	四草酸钾	$KHC_2O_4 \cdot H_2C_2O_4 \cdot 2H_2O$	0.05	12.61
3.56	酒石酸氢钾	$KHC_4H_4O_6$	0.034	>7
4.01	邻苯二甲酸氢钾	$KHC_8H_4O_4$	0.05	10.12
6.86	磷酸氢二钠	Na_2HPO_4	0.025	3.533
	磷酸二氢钾	KH_2PO_4	0.025	3.387
7.41	磷酸氢二钠	Na_2HPO_4	0.03043	4.303
	磷酸二氢钾	KH_2PO_4	0.008695	1.179
9.18	四硼酸钠	$Na_2B_4O_7$	0.01	3.80
12.46	氢氧化钙	$Ca(OH)_2$	0.020	>2

(2) 在 pH 值的测定过程中，电极插入试样悬浊液后，应当注意去除电极表面的气泡。

(3) 土壤样品浸提后所得滤液应当尽快测定，避免在空气中长期放置，以免造成误差。

(4) 滴定过程中，应当控制适宜的滴定速度，保证 pH 值尽快地稳定在 7.80 左右。

七、讨论与思考

(1) 如果土壤样品的浸提液或者淋洗液在空气中长时间放置，对测定结果有哪些影响？

(2) 为什么土壤样品过筛较粗的 2 mm 筛，如果使用的是过细的样品筛，对测定结果有哪些影响？为什么？

实验二十五　土壤中有机氯农药的测定

　　有机氯农药指的是用于防治植物病、虫害的组成成分中含有有机氯元素的有机化合物。这类农药主要分为以苯为原料和以环戊二烯为原料的两大类。前者有 DDT、六六六、三氯杀螨砜、三氯杀螨醇、五氯硝基苯等，后者则主要有氯丹、七氯、艾氏剂等。以 DDT、六六六为代表的有机氯农药，由于防治面广，药效比其他农药显著，因而被广泛用于农作物、森林、牲畜等的病虫害防治。常用的有机氯农药具有蒸气压低、挥发性小的特点，因而在土壤中施用后的残留消除缓慢；同时，由于其分子结构稳定，其生物可利用性低，不容易通过自然降解或者生物代谢去除；再者有机氯类化合物脂溶性高，因而一旦进入土壤即长期赋存在土壤颗粒中。有机氯化合物能够通过食物链进入人体，在肝、肾、心脏等组织内蓄积，而且在脂肪中蓄积最多，因此，给人类健康带来损害，并产生长期的严重威胁。各国对有机氯农药在食品中的残留控制甚严，我国从 20 世纪 60 年代开始禁止在蔬菜、茶叶、烟草等作物上施用DDT、六六六等有机氯农药。

一、实验目的

（1）掌握有机溶剂提取土壤样品中有机氯类农药的方法和操作步骤环节。

（2）了解气相色谱仪的工作原理，熟悉气相色谱仪测定试样中目标物的方式流程。

二、实验原理

　　对于土壤、沉积物以及水体和空气等不同要素环境中的有机氯农药，通常采用气相色谱或者气相色谱与质谱联用的方式，开展目标物的半定性和定量检测。本次实验气相色谱法测定土壤样品中有机氯农药的浓度，通过索氏提取、真空旋蒸浓缩、固相萃取净化、氮吹浓缩等方式实现试样的前处理，用色谱柱实现多种目标物的分离，用电子捕获检测器（ECD）完成定量分析，根据保留时间实现目标物定性，通过各目标物的出峰面积、外标法定量分析得到土壤中目标物含量。

三、实验器材与试剂

1. 主要器材

（1）分析天平。

（2）气相色谱仪：电子捕获检测器（ECD），HP-5ms 色谱柱（30 m×0.25 mm×0.25 μm）。

（3）索氏提取器。

（4）马弗炉。

（5）干燥器。

（6）真空旋转蒸发器。

（7）氮吹仪。

（8）固相萃取仪。

（9）顶空瓶。

（10）具塞磨口玻璃瓶。

（11）土样筛。

（12）冰箱。

（13）容量瓶：25 mL。

（14）样品瓶：棕色玻璃瓶带聚四氟乙烯瓶盖衬垫。

（15）移液管：1 mL、5 mL、10 mL。

（16）滴管。

2．主要试剂

除非另有说明，实验中所用有机试剂均为色谱纯，所用水均为新制备的去离子水。

（1）正己烷（C_6H_{14}）：色谱纯。

（2）丙酮（CH_3COCH_3）：色谱纯。

（3）二氯甲烷（CH_2Cl_2）：色谱纯。

（4）无水硫酸钠（Na_2SO_4）：优级纯。在马弗炉中 450℃烘烤 4 h，冷却后置于具塞磨口玻璃瓶中，并放干燥器内保存。

（5）丙酮-正己烷混合溶剂（体积比 1∶1）：将丙酮、正己烷按照体积比 1∶1 混合得到。

（6）丙酮-正己烷混合溶剂（体积比 1∶9）：将丙酮、正己烷按照体积比 1∶9 混合得到。

（7）有机氯农药标准贮备液（10～100 mg/L）：购买市售有证的标准溶液，置于冰箱中，4℃下避光、密闭、冷藏保存，使用前使其恢复至室温、摇匀备用。

（8）有机氯农药标准使用液（1.0 mg/L）：用正己烷稀释有机氯农药标准贮备液。将稀释后所得溶液置于冰箱中，4℃下避光、密闭、冷藏保存，有效保存期半年。

（9）硅酸镁固相萃取柱。

（10）石英砂（20～50 目/270～830 μm）：在马弗炉中 450℃烘烤 4 h，冷却后置于具塞磨口玻璃瓶中，并放干燥器内保存。

（11）硅藻土（100～400 目/37～150 μm）：将硅藻土置于坩埚中，转移至马弗炉中，450℃烘烤 4 h。待其冷却后，将硅藻土转移到具塞磨口玻璃瓶中，置于干燥器内保存、备用。

（12）玻璃棉：将玻璃棉置于坩埚中，转移至马弗炉中 400℃烘烤 1 h，待其冷却后，同样将其转移到具塞磨口玻璃瓶中，置于干燥器内保存、备用。

（13）高纯氮气：纯度不小于 99.999%。

（14）异狄氏剂和 p,p'-滴滴涕混合标准溶液（1.0 mg/L）：购买市售的有证标准溶液，用正己烷稀释。将稀释后所得溶液置于冰箱中，在 4℃下避光、密闭、冷藏保存。

四、实验步骤

1．样品的采集与保存

从目标地块现场采集的土壤样品，将其盛存在预先清洗洁净的采样瓶中，应将土样密封、避光，尽快运回实验室分析。

如果土样来不及立即检测，应将样品置于冰箱中，在 4℃以下密封、避光、冷藏保存，保存不超过 14 d。

2．土样的预处理

将土壤样品手动破碎，拣除土样中的砂石、树叶草根等杂质。将土壤样品自然避光风干后，过 0.25 mm（60 目）土样筛。

　　准确称取 2 份各 10.00 g 的土样。其中,一份土样用于测定干物质含量;另一份土样加入适量无水硫酸钠,将其均匀混合成流沙状脱水。如果使用加压流体萃取法提取,则用硅藻土脱水。

　　3. 试样的制备

　　(1) 目标物的提取。

　　将称量好的土样转移至索氏提取器纸质套筒中,加入 100 mL 的丙酮-正己烷混合溶剂(体积比 1:1),加热回流、连续提取 16～18 h,控制回流速度在 3～4 次/h。回流结束后,将提取液过滤(或者离心分离)后收集。样品提取液在 4℃ 以下避光、冷藏保存,保存时间为 40 d。

　　(2) 试样的脱水。

　　在玻璃漏斗上垫一层玻璃棉,铺加 5 g 左右的无水硫酸钠。将回流所得提取液经漏斗直接过滤到旋蒸瓶中,再用 5～10 mL 的丙酮-正己烷混合溶剂(体积比 1:1)充分洗涤盛存提取液的容器,经漏斗过滤、一并收集到旋蒸瓶中。

　　(3) 试样的浓缩。

　　将旋蒸瓶连接到旋转蒸发仪的蒸馏管上,控制水浴温度不超过 45℃。将脱水后的提取液浓缩到 1 mL,然后净化。

　　如需更换提取液中溶剂,则需将提取液浓缩至 1.5～2 mL,然后用 5～10 mL 的正己烷少量多次地洗涤蒸馏瓶,将蒸馏瓶内溶液浓缩到 1 mL,然后净化。

　　(4) 试样的净化。

　　用 8 mL 左右的正己烷洗涤硅酸镁固相萃取柱,保持硅酸镁固相萃取柱内吸附剂表面浸润。用固相萃取的吸管将浓缩后的提取液转移到硅酸镁固相萃取柱中,停留 1 min,弃去流出液。然后加入 2 mL 的丙酮-正己烷混合溶剂(体积比 1:9),停留 1 min,用 10 mL 的尖底玻璃刻度管接收洗脱液。用适量丙酮-正己烷混合溶剂(体积比 1:9)洗涤固相萃取柱,至尖底玻璃刻度管接收的洗脱液体积达到 10 mL。

　　(5) 试样再次浓缩。

　　将尖底玻璃刻度管置于氮吹仪中,控制水浴温度不超过 45℃,将溶液浓缩、定容至 1 mL,转移至 2 mL 顶空瓶中,备测。

　　4. 校准曲线的绘制

　　(1) 校准曲线系列溶液的配制。

　　准确地移取适量的有机氯农药标准使用液,转移到盛有少量正己烷的一系列 25 mL 容量瓶中,用正己烷稀释、定容至标线,配制得到标准系列溶液。

　　有机氯农药标准溶液的参考浓度可设定为 5 μg/L、10 μg/L、20 μg/L、50 μg/L、100 μg/L、200 μg/L、500 μg/L。或者,根据土壤样品中目标物的实际浓度设定配制范围。

　　(2) 气相色谱检测条件。

　　根据下面所述的气相色谱检测条件,由低到高依次测定标准系列溶液,记录目标物的保留时间、峰面积。以标准溶液中目标物浓度为横坐标,以其对应的峰面积为纵坐标,在气相色谱仪的化学工作站中得到有机氯农药的校准曲线。

　　色谱检测条件如下:

　　① 进样口温度:220℃。

② 进样方式：不分流，1 μL，吹扫延迟 1 min。

③ 载气：高纯氮气，EPC，165.47 kPa、45 cm/s 恒流。

④ 尾吹气：高纯氮气，20 mL/min。

⑤ 柱温升温程序：

80℃保持 1 min；

80～180℃，30℃/min；

180～205℃，3℃/min；

205℃保持 4 min；

205～290℃，20℃/min；

290℃保持 2 min。

⑥ 检测器：ECD 320℃，氮气补充气，60 mL/min；3 mL/min 阳极吹扫。

⑦ 进样量：1 μL。

5. 试样的测定

按照与标准样品溶液相同的测试条件，进行土壤样品试样和空白试样的色谱测定。结合校准曲线，根据气相色谱仪化学工作站得到试样浓度，并保存记录结果。

五、实验结果分析

土壤样品中有机氯类农药目标物的含量，可以按照下式计算得到，即

$$\omega = \frac{\rho V}{m w_{dm}}$$

式中：ω——土壤样品中有机氯类农药目标物含量，μg/kg；

ρ——由标准曲线计算所得试样中目标物的质量浓度，μg/L；

V——试样的定容体积，mL；

m——称取样品的质量，g；

w_{dm}——样品中的干物质比例，%。

当测定结果小于 1.00 μg/kg 时，结果保留小数点后 2 位；当测定结果不小于 1.00 μg/kg 时，结果保留 3 位有效数字。

六、注意事项

（1）实验中所用的有机溶剂及标准物质均有毒，相关的实验过程应在通风橱中进行。实验过程中，务必做好个人防护，注意规范操作、避免接触、确保安全。

（2）每 20 个或每批样品至少检测一个实验室空白，其中目标物的测定值应低于方法的检出限。

（3）实验产生的有机废液必须规范处理，不能随意倾倒。

七、讨论与思考

（1）土壤样品中有机氯农药的提取，除了索氏提取外，还有哪些高效的提取方式？

（2）有机氯农药有多种，如何利用气相色谱仪和标准样品，定性确定样品中检测的具体目标物的种类？

实验二十六　土壤中多环芳烃的测定

多环芳烃(polycyclic aromatic hydrocarbons,PAHs)指的是分子构成中含两个或两个以上苯环结构的芳香族烃类。如果从分子的结构组合上区别,其中一种是非稠环型,即包括联苯及联多苯和多苯代脂肪烃;另一种是稠环型,即两个碳原子为两个苯环所共有的烃类。从环境监测的角度来讲,这里所涉及的多环芳烃主要指的是包括萘、苊烯、苊、芴、菲、蒽等16种芳香烃类有机污染物。

在自然界中,多环芳烃主要来自于火山爆发、森林火灾和生物合成等自然源。与之相对应地,在大范围、高强度的社会生产和生活活动的过程中,由于大量矿物燃料的燃烧,煤炭等焦化产品的炼制,多种石油产品的生产和使用,甚至于含有多环芳烃类的物质的跑、冒、滴、漏,都会导致其进入各要素环境,特别是迁移并累积在土壤或者沉积物中。多环芳烃具有很强的脂溶性和累积性,一旦进入土壤或者沉积物中,就会在其中长期存在,且难以在自然条件下得到有效的生物利用和降解。多环芳烃会随着食物链传递进入人体,并且在传递过程中逐级放大和累积。多环芳烃具有致癌、致畸、致基因突变的"三致性",如果进入并在人体中发生累积,会引起人体的呼吸系统、循环系统、神经系统等损伤,以及肝脏、肾脏等多种器官的损害,进而导致人体功能下降或者丧失,给人身健康和人体质量都会带来巨大的潜在威胁。我国已将菲、蒽、芘等在内的16种多环芳烃列入"中国环境优先污染物黑名单",作为优先监测的环境污染物。

一、实验目的

(1)掌握土样中多环芳烃试样制备过程和相关操作环节。

(2)了解液相色谱的基本工作原理,熟悉液相色谱测定多环芳烃的基本工作流程。

二、实验原理

多环芳烃主要利用气相色谱、液相色谱、质谱等色谱类仪器开展分析测定工作。本次实验主要利用的是高效液相色谱法测定土壤样品中16种多环芳烃的含量。通过液相萃取的方式,提取土壤样品中的多环芳烃。利用固相萃取的方式净化多环芳烃提取液,通过氮吹仪完成多环芳烃的浓缩,利用反相色谱柱实现对试样中多环芳烃各种组分分离,用紫外检测器测定各种多环芳烃的吸光度,利用外标法定量分析得到试样中各种多环芳烃含量,然后分析计算得到土壤样品中多环芳烃的实际含量。

三、实验器材与试剂

1. 主要器材

(1)分析天平。

(2)高效液相色谱:紫外检测器、反相色谱柱(ODS,十八烷基硅烷键合硅胶)。

(3)索氏提取器。

(4)氮吹仪。

(5)固相萃取装置:萃取柱(硅胶或者硅酸镁填料)。

（6）冷冻干燥机。

（7）样品筛：1 mm 孔径。

（8）顶空瓶：1.5 mL。

（9）棕色容量瓶：50 mL。

（10）移液管：2 mL、5 mL、10 mL。

（11）滴管。

（12）浓缩器皿：KD 浓缩瓶或刻度尖底玻璃离心管。

（13）旋转蒸发器。

（14）台式循环水式真空泵。

（15）冰箱。

2．主要试剂

除非另有说明，实验中所用试剂均为分析纯。

（1）乙腈：色谱纯。

（2）二氯甲烷：色谱纯。

（3）丙酮：色谱纯。

（4）正己烷：色谱纯。

（5）丙酮-正己烷混合溶液：体积比 2∶3。

（6）二氯甲烷-正己烷混合溶液：体积比 2∶3。

（7）二氯甲烷-正己烷混合溶液：体积比 1∶1。

（8）多环芳烃标准样品（1000 mg/L）：或者根据实验实际需要购买具体浓度的标准品。购买有证书标识的标准溶液，在冰箱中，4℃下密封、避光、冷藏，使用前待其恢复至室温，摇动均匀。

（9）多环芳烃标准溶液（20 mg/L）：准确移取 2 mL 多环芳烃标准样品溶液，置于 100 mL 棕色容量瓶中，用乙腈稀释、定容至标线，摇动均匀，将容量瓶密封，置于冰箱中，4℃下密封、避光、冷藏、备用。

（10）干燥剂：取适量无水硫酸钠，置于马弗炉中，400℃加热 4 h，待其冷却后，置于磨口玻璃瓶中密封保存，备用。

（11）高纯水。

（12）氮气：高纯气。

四、实验步骤

1．样品的采集与保存

从地块现场采集到的土壤样品，置于干净的棕色磨口玻璃瓶中，运输过程中需在 4℃下密封、避光、冷藏保存，时间不超过 1 周。

将所得土样经过手动粉碎，去除草叶、砂石等杂质，准确称取 10 g 土样，加入适量的无水硫酸钠，研磨使其成为流沙状。或者，首先将样品置于冷冻干燥机中冻干，将土样研磨、过 1 mm 筛子，然后将土样置于磨口玻璃瓶中，放于冰箱中 4℃下密封、避光、冷藏保存，备用。

2．试样的制备

（1）将预处理好的土样置于玻璃套管或者纸质套管中，将其放入索氏提取器中，加入 100 mL 丙酮-正己烷的混合溶液，以每小时不少于 4 次的回流速度提取 16～18 h。

　　如果实验前针对具体的土样,通过提取效果的预实验验证可行,也可以根据情况采用超声萃取的方式,即准确称取 1.000 g 土样,置于具塞(聚四氟乙烯密封垫)玻璃离心管中,分别加入 2 mL 二氯甲烷和 2 mL 丙酮,置于超声水浴器中,室温下(功率 40 kHz)超声 20 min,其间控制并调节水温保持不变。然后,将离心管置于离心机中,4000 r/min 下离心 10 min。离心结束后,将上清液倾出、收集到干净的旋蒸瓶(或尖底刻度玻璃离心管)中。

　　向盛有土样的离心管中重新添加萃取剂,重复超声提取操作 2 次,然后将超声萃取所得溶液合并,待后续进一步试样制备操作。

　　(2)提取液的过滤、脱水。

　　在玻璃漏斗内放置一层玻璃棉或者玻璃纤维铝膜,加入大约 5 g 无水硫酸钠。将土样的有机提取液过滤到旋转蒸发器的蒸馏瓶中。

　　用适量的丙酮-正己烷混合溶液洗涤提取器 3 次,冲洗过滤用漏斗及其中的滤膜,将洗涤溶液并入蒸馏瓶中。

　　(3)提取液的浓缩。

　　将盛有提取溶液的蒸馏瓶连接到蒸发管上,安装牢固,避免旋转过程中蒸馏瓶脱落或者漏气。在 40℃下水浴加热蒸馏瓶,真空条件下用旋转蒸发器浓缩提取液。将溶液旋蒸浓缩至大约 1 mL,加入 5~10 mL 正己烷洗涤蒸馏瓶内壁,然后浓缩至 1 mL,重复洗涤、浓缩过程 3 次。如不需净化,加入约 3 mL 乙腈,浓缩至约 1 mL,将提取液溶剂完全转换成乙腈。

　　如果试样需要净化,则需要将洗涤用乙腈溶液用正己烷替换,然后将溶液浓缩到 1 mL,待后续净化操作。

　　(4)提取液的净化。

　　萃取柱的活化:将固相萃取柱固定在萃取仪上,连接好进样管,打开真空泵,用 4 mL 二氯甲烷冲洗萃取柱,旋转连接萃取柱的旋钮,适当调节萃取柱下溶液的滴出速度。待二氯甲烷流尽后,再换用 10 mL 正己烷流入萃取柱,当萃取柱充满后,关闭流速控制旋钮,让正己烷在萃取柱内浸润 5 min,打开控制旋钮使正己烷流出,弃去流出液,完成柱子的净化。

　　试液的净化:在萃取柱净化结束、柱内的正己烷流干前,将浓缩后的提取液转移到萃取柱内,用 3~5 mL 正己烷分 3 次洗涤盛有提取液的蒸馏瓶,将洗液全部转移到萃取柱中。待正己烷流尽后,用进样管引流 10 mL 二氯甲烷-正己烷混合溶液(体积比 2∶3),使其流入萃取柱中,调节流速旋钮并保持柱子的浸润状态 5 min,打开旋钮,让洗脱液流出萃取柱,柱子下方用尖底玻璃离心管盛接。

　　(5)试样的浓缩、定容。

　　将盛接有二氯甲烷-正己烷混合洗脱液的尖底玻璃刻度离心管置于氮吹仪中,控制水浴温度在 35~40℃,将洗脱液浓缩至大约 1 mL,加入大约 3 mL 乙腈,继续氮吹浓缩至少于 1 mL,然后用乙腈稀释、定容至 1 mL。

　　将试样转移到 1.5 mL 棕色顶空瓶中,待测。如果制备得到的样品不能及时分析检测,需要置于 4℃下密封、避光、冷藏,30 d 内完成液相色谱测定。

　　3. 校准曲线的绘制

　　准确移取适量的多环芳烃标准溶液,用乙腈做溶剂,至少配置 5 个浓度点的标准系列(参考浓度:0.05 μg/L、0.10 μg/L、0.50 μg/L、1.00 μg/L、5.00 μg/L,也可根据土样的实际含量范围配置)。配置好的标线系列溶液转移到 1.5 mL 顶空瓶中,备测。

根据溶液配置、液相色谱测定得到相应的峰面积,绘制校准曲线。曲线的相关系数须不小于 0.995,否则需要重新配置系列标准溶液、色谱测定,并重新绘制校准曲线。

4. 色谱测定条件

进样量:10 μm。

柱温:35℃。

流速:1.0 mL/min。

流动相:乙腈(A)、水(B)。

色谱柱梯度洗脱程序见表 26-1。

表 26-1　液相色谱仪流动相梯度配比

时间/min	A/%	B/%
0.0	60	40
8.0	60	40
18.0	100	0
28.0	100	0
28.5	60	40
35.0	60	40

检测波长:具体根据不同多环芳烃的出峰时间选择相对应的紫外检测波长。16 种多环芳烃对应的紫外监测器最大吸收波长及其推荐监测波长参考表 26-2 所示。

表 26-2　16 种多环芳烃的紫外最大吸收波长及检测推荐波长

目标物	最大紫外吸收波长/nm	检测推荐紫外吸收波长/nm	推荐激发波长 λ_{ex}/发射波长 λ_{em}	最佳激发波长 λ_{ex}/发射波长 λ_{em}
萘	220	220	280/324	280/334
苊烯	229	230		
苊	261	254	280/324	268/308
芴	229	230	280/324	280/324
菲	251	254	254/350	292/366
蒽	252	254	254/400	253/402
荧蒽	236	230	290/460	360/460
芘	240	230	336/376	336/376
苯并(a)蒽	287	290	275/385	288/390
䓛	267	254	275/385	268/383
苯并(b)荧蒽	256	254	305/430	300/436
苯并(k)荧蒽	307、240	290	305/430	308/414
苯并(a)芘	296	290	305/430	296/408
二苯并(a,h)蒽	297	290	305/430	297/398
苯并(g,h,i)苝	210	220	305/430	300/410
茚并(1,2,3-c,d)芘	250	254	305/500	302/506

五、实验结果分析

土样中多环芳烃的含量(μg/kg)按照下式计算得到,即

$$\omega_i = \frac{\rho_i \cdot V}{m}$$

式中：ω_i——土样中某种多环芳烃(i)的含量，$\mu g/kg$；

　　　ρ_i——根据校准曲线计算得到的某种多环芳烃(i)的质量浓度，$\mu g/mL$；

　　　V——试样制备定容后的体积，mL；

　　　m——土样的质量，kg。

当测定结果不小于 10 $\mu g/kg$ 时，保留 3 位有效数字；当测定结果小于 10 $\mu g/kg$ 时，保留至小数点后 1 位有效数字。

六、注意事项

(1) 每次实验至少做一个实验室空白和一个全程序空白，检验可能存在的干扰，其中目标物的测定值不能高于方法的检出限。

(2) 如果需要分析的样品比较多，则每 20 个样品分析 1 个平行样。

(3) 多环芳烃属于强致癌物，溶液使用和配置，以及试样的浓缩、氮吹等环节必须在通风橱内操作。实验中务必做好个人防护、规范操作、确保安全。

(4) 在提取溶液的浓缩过程中，如果采用真空旋蒸需要注意溶液不要蒸干，水浴温度不能过高；如果采用的是氮吹的方式，则氮气吹过液面的时候不能使液面形成明显的漩涡或者波动。

(5) 制备完成后，试样的冷冻保存时间不能过长，尽量 1 周内完成色谱分析，避免因为保存时间过长造成的含量变化。

(6) 要及时、规范处理液相色谱分析的过程中产生的大量有机废液，避免接触。

七、讨论与思考

(1) 在提取土样中多环芳烃的过程中，如何保证目标物的提取效果？

(2) 过高的温度设置或者过快的氮气吹扫过程，对试样的浓缩和目标物含量有哪些影响？如何有效避免干扰？

实验二十七　土壤中石油烷烃的测定

石油烷烃主要指的是含有正构碳链分子结构的,各种短链的汽油烃类和碳链较长的柴油烃类。石油链烃的含碳数量一般为10～40个,不同产品原料来源的石油烃类所含碳原子的数量范围有时也会略有不同。石油烷烃是重要的能源物质和化工原料,在能源、化工、医药、制剂、交通等社会生产和生活的方方面面得到广泛地使用和巨量的消耗。日常生产生活中,不可避免地有一定量的石油烷烃发生跑、冒、滴、漏,以气、液等不同形态进入周边环境,尤其是土壤环境。它们会污染周边的土壤环境,进而影响土壤生态环境质量和动植物正常生长生存条件,甚至损害人体健康,带来不同程度的潜在风险。

一、实验目的

(1) 掌握气相色谱法测定土壤中正构石油烷烃的方法和实验操作过程步骤。

(2) 熟悉气相色谱的基本使用原理和检测操作流程。

二、实验原理

石油烷烃的分析检测通常使用气相色谱法、气相色谱-质谱法、高效液相色谱法分析。本次测定目标土样中石油烃(C_{10}～C_{40})类化合物,依次通过有机试剂提取土样中的目标成分,利用固相萃取柱开展提取液中目标物的净化,经过真空旋蒸或者氮吹浓缩后定容体积,然后用配置有火焰离子化检测器(FID)的气相色谱仪测定目标烷烃的含量,根据保留时间实现系列目标烷烃的顺序定性,结合校准曲线和出峰面积,从化学工作站得到试样中目标物浓度,进而计算得到土壤中各目标烷烃的实际含量。

三、实验器材与试剂

1. 主要器材

(1) 分析天平。

(2) 烘箱。

(3) 马弗炉。

(4) 索氏提取器。

(5) 旋转蒸发仪。

(6) 氮吹仪。

(7) 气相色谱仪:自动进样器、火焰离子化检测器、化学工作站。

(8) 固相萃取仪:硅酸镁净化柱市售购用。

(9) 台式水循环真空泵。

(10) 冷冻干燥器。

(11) 棕色容量瓶:50 mL。

(12) 旋蒸瓶。

(13) 移液管:1 mL、2 mL、5 mL、10 mL。

(14) 滴管。

（15）尖底刻度玻璃管。

（16）棕色顶空瓶：2 mL。

（17）1 mm 样品筛。

2. 主要试剂

除非另有说明，实验中所用试剂均为分析纯，操作过程所用水均为新制备的高纯水。

（1）正己烷：色谱纯。

（2）丙酮：色谱纯。

（3）二氯甲烷：色谱纯。

（4）正己烷-丙酮的混合溶液：体积比 1∶1

（5）正己烷-二氯甲烷的混合溶液：体积比 1∶1

（6）无水硫酸钠：取适量无水硫酸钠，置于坩埚中，在马弗炉中 450℃下灼烧 4 h。待其冷却后，转移至磨口玻璃瓶中，于干燥器中保存，备用。

（7）硅镁型吸附剂（60～100 目/0.15～0.25 mm）：取适量吸附剂，置于坩埚中，在马弗炉中 450℃下灼烧 4 h。待其冷却后，转移至磨口玻璃瓶中，于干燥器中保存，备用。

（8）石油烃（C_{10}～C_{40}）混合标准品：31 种正构石油链烃的质量浓度均为 1 g/L，溶剂为正己烷，规格为 2 mL。

（9）正癸烷标准样品：质量浓度均为 100 mg/L，溶剂为正己烷，规格为 1 mL。

（10）正四十烷标准样品：质量浓度均为 100 mg/L，溶剂为正己烷，规格为 1 mL。

（11）正癸烷-正四十烷混合标准溶液（体积比 1∶1）：将正癸烷、正四十烷的标准样品置于盛有适量正己烷溶剂的 50 mL 容量瓶中，然后用正己烷稀释、定容至标线，置于冰箱中，4℃下密封、避光、冷藏，备用。根据实际需要稀释使用。

（12）高纯氮气：纯度不小于 99.999%。

四、实验步骤

1. 样品的采集与保存

从目标地块采集所得土样，盛存于棕色磨口玻璃瓶中，运送至实验室处理、分析。如土样需要保存，则置于冰箱中，低于 4℃条件下，密封、避光、冷藏，保存备用。土样需在 14 d 内完成目标物的提取处理。如果提取液来不及检测，则置于冰箱中，低于 4℃条件下，密封、避光、冷藏保存，于 40 d 内完成试样的后续处理与色谱分析。

2. 土样的预处理

将采集所得土样手动粉碎，拣除砂石、植物残屑等杂质，置于冷冻干燥器中低温冷冻干燥。冻干后的土样经过粉碎、研磨，过 1 mm 样品筛，然后转移至棕色磨口玻璃瓶中。于冰箱中低于 4℃条件下，密封、避光、冷藏，保存备用。

3. 试样的制备

（1）目标物的提取

准确称取适量的土样，置于滤筒中，将滤筒稳置于索氏提取器中，加入 100 mL 的正己烷-丙酮混合溶液（体积比 1∶1），加热、回流连续提取 16～18 h，控制回流速度为 8～10 次/h。

加热回流结束，待溶液冷却后，移取一定体积的提取液，继续后续的净化、浓缩处理。

（2）提取液的浓缩

将一定体积的提取溶液置于圆底蒸馏瓶中（视提取过程中实际提取的体积多少，如果相对较少,也可置于尖底刻度玻璃管或者 KD 瓶中,利用水浴加热氮吹浓缩),连接到旋转蒸发仪的蒸馏管上,检查气密性后,控制水浴温度不超过 40℃,将提取液真空旋蒸浓缩,至体积小于 1 mL。

（3）提取液的净化

分别移取 10 mL 的正己烷-二氯甲烷混合溶液(体积比 1∶1)、10 mL 的正己烷试剂,先后通过进样管,导入固相萃取仪上的硅酸镁萃取柱中,用于柱子活化。

待萃取柱中活化试剂几近抽干,用进样管将目标物提取液导入萃取柱中,在固相萃取仪内、萃取柱下方,放置收集管,收集流出液。

待提取液几近流尽,分次将 10～12 mL 正己烷加入提取液容器中,冲洗内壁,再用进样管将冲洗溶液引导进入萃取柱中,淋洗萃取柱,收集正己烷淋洗溶液,置于收集管中。

将收集管中溶液浓缩至体积小于 1 mL,然后用正己烷稀释、定容至 1 mL,转移至 2 mL 的棕色顶空瓶中,备测。或者将顶空瓶置于冰箱中,在 4℃ 条件下,密封、避光、冷藏保存,备测。

（4）空白样品的制备

称取相同质量的无水硫酸钠代替土样,与试样制备操作方式相同,先后经过萃取、浓缩、净化、定容等环节,制备得到空白试样,而后保存备测。

4. 试样的测定

（1）色谱测定参考条件

色谱检测参考条件(或者根据实验条件,以及目标物测试实际需要,调整相关参数)如下:

① 气相色谱柱:DB-5ms,30 m×0.32 mm×0.25 μm。

② 气体流速:高纯氮气,1.5 mL/min;氢气,30 mL/min;空气,30 mL/min。

③ 进样口温度:300℃。

④ 柱箱温度:

50℃保持 2 min;

60～230℃,40℃/min,保持 3 min;

230～320℃,20℃/min,保持 20 min。

⑤ 火焰离子化检测器温度:325℃。

⑥ 进样方式:不分流进样。

⑦ 进样量:1 μL。

（2）目标链烃的定性

在设定的气相色谱仪工作条件下,检测分析正癸烷-正四十烷混合标准溶液,根据正癸烷和正四十烷的出峰时间确定 C_{10}～C_{40} 等 31 种正构烷烃的出峰时间范围和先后。根据各目标物的出峰次序和混合标准溶液中成分次序,确定各目标链烃的具体出峰时间。

（3）校准曲线的绘制

分别准确移取适量、一系列不同体积的 31 种正构烷烃的混合标准溶液,置于 50 mL 的具塞容量瓶中,用正己烷稀释、定容至标线,摇动均匀,从而配制得到质量浓度分别为 0 mg/L、20 mg/L、40 mg/L、60 mg/L、80 mg/L、100 mg/L、200 mg/L、500 mg/L 的石油正构烷烃标准溶液系列。

分别转移 1.5 mL 上述的正构烷烃标准溶液系列,置于 2 mL 的棕色顶空瓶中,在设定的气相色谱工作条件下,按照从低到高的顺序,测定该系列溶液的浓度。记录各目标物系列的出峰面积,以各正构烷烃的浓度为横坐标,对应的出峰面积为纵坐标,得到 31 种正构链烃的校准工作曲线。

(4) 在相同的气相色谱工作条件下,分析检测试样,根据试样中各目标成分的峰面积,结合对应的校准工作曲线,从化学工作站得到各目标正构烷烃的试样中浓度,然后根据萃取溶液的取样体积、土壤样品的质量,计算得到土壤中各目标物的实际浓度。

同样地,在与气相色谱检测试样的相同工作条件下,完成空白试样的分析测试。

五、实验结果分析

土壤样品中各目标正构烷烃的含量可以通过下式计算得到,即

$$\omega = \frac{\rho V f}{m w_{dm}}$$

式中:ω——土壤样品中各目标正构链烃的含量,mg/kg;

ρ——根据校准曲线计算,从气相色谱仪化学工作站得到的目标物的质量浓度,mg/L;

f——提取所用试剂的总体积与浓缩时所用提取液的体积比值;

V——提取液浓缩后的体积,mL;

m——土壤样品的质量(湿重),g;

w_{dm}——土壤中干物质的占比,%。

测定所得结果,小数点后位数的保留位数应与方法检出限一致,最多保留 3 位有效数字。

六、注意事项

(1) 实验中所用有机溶剂、有机化合物对人体有害,需做好个人防护,避免皮肤接触沾染和入口,工作实践中要规范操作、确保安全。实验中有机试剂的配制、浓缩、氮吹等操作环节,须在通风橱内开展。

(2) 在每批次实验中,至少做一个实验室空白样品,且该实验室空白样品的测定结果要低于方法的检出限。每批次的样品分析中,应当至少分析一个平行样品,平行样品的测定结果的相对偏差应当不超过 25%。

(3) 实验中所用二氯己烷、丙酮等试剂均有毒,要做好个人防护、确保安全。目标物的提取、浓缩、氮吹等相关操作过程,须在通风橱内完成。

(4) 实验中产生的有机废液和废物,要按照实验工作的规范要求收集处置,不能随意倾倒或者废弃。

七、讨论与思考

(1) 在土样中石油烷烃的提取过程中,有哪些环节需要注意具体操作?如何保证目标物的提取质量和效率?

(2) 如果分析检测发现多种目标物的分离不够完全,有"M 峰"或者其他干扰峰的出现,应当如何提高目标物的分离效果或者屏蔽干扰?

实验二十八　土壤中含氮盐分的测定

氮是自然环境中一种常见的元素,并且是环境中生物化学循环的主要元素之一。氮的存在形式多样,可以在大气、土壤和生物体内发生相互交换。土壤中的含氮盐类主要包括氨氮、亚硝酸盐氮和硝酸盐氮。自然环境中的氮多以气体分子形式存在,很难被生物直接利用,但是通过植物的固氮作用,特别是化肥的人为施加补充,可以增加土壤中氮肥的含量,从而增进植物的吸收利用,促使更多的无机氮转化为有机氮,从而促进植物的生存生长,供给其他生物利用。因此土壤中含氮盐分的测定,有助于增进对氮循环的了解和掌握土壤的营养状态。

一、实验目的

(1)掌握利用氯化钾溶液提取-分光光度法测定土壤中不同形态氮盐的原理和实验流程步骤。

(2)比较氨氮、亚硝酸盐氮、硝酸盐氮的提取与测定方式的异同,掌握消除干扰测定结果的影响因素的手段。

二、实验原理

土壤中氨氮、亚硝酸盐氮、硝酸盐氮的含量测定,均通过氯化钾溶液提取,然后通过分光光度计测定提取液吸光度,从而根据校准曲线查得提取液中各目标氮盐的浓度,继而计算得到土壤中各种氮盐的实际含量。氨氮测定过程为:利用氯化钾溶液提取土壤中的氨氮,在碱性条件下,提取液中的氨离子在有次氯酸根离子存在的条件下,与苯酚反应生成蓝色靛酚染料,在 630 nm 波长处具有最大吸收。在一定浓度范围内,氨氮浓度与吸光度值符合朗伯-比尔定律。

亚硝酸盐氮测定过程为:利用氯化钾溶液提取土壤中的亚硝酸盐氮,在酸性条件下,提取液中的亚硝酸盐氮与磺胺反应生成重氮盐,然后与盐酸 N-(1-萘基)-乙二胺偶联生成红色染料,在 543 nm 波长处具有最大吸收。在一定浓度范围内,亚硝酸盐氮浓度与吸光度值符合朗伯-比尔定律。

硝酸盐氮的测定过程为:利用氯化钾溶液提取土壤中的硝酸盐氮和亚硝酸盐氮,使提取液通过还原柱,将硝酸盐氮还原为亚硝酸盐氮。同样地,在酸性条件下,亚硝酸盐氮与磺胺反应生成重氮盐,再与盐酸 N-(1-萘基)-乙二胺偶联生成红色染料,在 543 nm 波长处具有最大吸收,测定所得为硝酸盐氮和亚硝酸盐氮总量。硝酸盐氮含量可通过硝酸盐氮和亚硝酸盐氮总量减去亚硝酸盐氮含量得到。

三、实验器材与试剂

1.　主要器材

(1)分析天平。

(2)烘箱。

(3)干燥器。

(4) pH 计。

(5) 恒温水浴振荡器/恒温摇床。

(6) 硝酸盐氮的还原柱。

(7) 离心机：水平转子,100 mL 聚乙烯离心管。

(8) 土样筛。

(9) 冰箱。

(10) 分光光度计(10 mm 光程比色皿)。

(11) 具塞比色管：20 mL、50 mL、100 mL。

(12) 棕色容量瓶：100 mL、1000 mL。

(13) 聚乙烯瓶：100 mL、500 mL、1000 mL。

(14) 量筒：200 mL、1000 mL。

(15) 移液管：1 mL、2 mL、5 mL、10 mL、25 mL。

(16) 滴管。

2. 主要试剂

除非另有说明,实验中所用试剂均为分析纯,操作过程中所用水均为电导率25℃时测定小于 0.2 mS/m 的去离子水。

(1) 氯化钾溶液(1 mol/L)：准确称取 74.55 g 氯化钾(优级纯),溶解于适量水中,转移至 1000 mL 棕色容量瓶中,用水稀释、定容至标线,摇动均匀、保存备用。

(2) 氯化铵标准贮备液(200 mg/L)：准确称取 0.764 g 氯化铵(优级纯),溶解于适量水中,加入 0.3 mL 浓硫酸,待溶液冷却后,转移至 1000 mL 棕色容量瓶中,用水稀释、定容至标线,摇动均匀,置于冰箱中 4℃密封、避光、冷藏,可有效保存 1 个月备用。

(3) 氯化铵标准使用液(10 mg/L)：准确移取 5 mL 氯化铵标准贮备液(200 mg/L),转移至 100 mL 棕色容量瓶中,用水稀释、定容至标线,摇动均匀、保存备用。该溶液需要现用现稀释配制。

(4) 苯酚溶液(70 g/L)：称取 70 g 苯酚(C_6H_5OH)溶解于适量水中,转移至 1000 mL 棕色容量瓶中,用水稀释、定容至标线,室温下可有效保存 1 年,备用。

(5) 二水合硝普酸钠溶液(0.8 g/L)：准确称取 0.8 g 二水合硝普酸钠$\{Na_2[Fe(CN)_5NO]\cdot 2H_2O\}$,溶解于适量水中,转移至 1000 mL 棕色容量瓶中,用水稀释、定容至标线,室温下可有效保存 3 个月,备用。

(6) 缓冲溶液：分别称取 280 g 二水合柠檬酸钠、22 g 氢氧化钠,溶解于 500 mL 水中,转移至 1000 mL 棕色容量瓶中,用水稀释、定容至标线,摇动均匀、保存备用。

(7) 硝普酸钠-苯酚显色剂：分别移取 15 mL 二水合硝普酸钠溶液(0.8 g/L)、15 mL 苯酚溶液(70 g/L),置于 750 mL 水中,摇动均匀、保存备用。该溶液需要现用现配。

(8) 二氯异氰尿酸钠显色剂：称取 5 g 一水合二氯异氰尿酸钠($C_3Cl_2N_3NaO_3\cdot H_2O$),溶解于适量的缓冲溶液(二水合柠檬酸钠、氢氧化钠)中,转移至 1000 mL 棕色容量瓶中,用缓冲溶液稀释、定容至标线,摇动均匀后,置于冰箱中 4℃密封、避光、冷藏,可有效保存 1 个月。

(9) 亚硝酸盐氮标准贮备液(NO_2-N,1000 mg/L)：称取 4.926 g 亚硝酸钠(优级纯,干燥器中干燥 24 h),溶解于适量水中,转移至 1000 mL 棕色容量瓶中,用水稀释、定容至标线,摇动均匀后,转移至聚乙烯塑料瓶中,置于冰箱中4℃下可保存6个月。

(10) 亚硝酸盐氮标准使用液Ⅰ(NO$_2$-N,100 mg/L):移取 10 mL 亚硝酸盐氮标准贮备液(1000 mg/L),置于 100 mL 棕色容量瓶中,用水稀释、定容至标线,摇动均匀,待用。该溶液需要现用现稀释配制。

(11) 亚硝酸盐氮标准使用液Ⅱ(NO$_2$-N,10 mg/L):移量取 10 mL 亚硝酸盐氮标准使用液Ⅰ(100 mg/L),置于 100 mL 棕色容量瓶中,用水稀释、定容至标线,摇动均匀,待用。同样地,该溶液也需要现用现稀释配制。

(12) 磺胺溶液(C$_6$H$_8$N$_2$O$_2$S):向 1000 mL 棕色容量瓶中加入 600 mL 水,然后移取入 200 mL 浓磷酸,再称取 80 g 磺胺加入其中,将溶液用水稀释、定容至标线,摇动均匀,置于冰箱中 4℃下,密封、避光、冷藏,可有效保存 6 个月,备用。

(13) 盐酸 N-(1-萘基)-乙二胺溶液:准确称取 0.4 g 盐酸 N-(1-萘基)-乙二胺(C$_{12}$H$_{14}$N$_2$·2HCl),溶解于适量水中,转移至 100 mL 棕色容量瓶中,用水稀释、定容至标线,摇动均匀后,将容量瓶置于冰箱中,4℃下密封、避光、冷藏,保存备用。当溶液颜色变深时应停止使用,重新配置。

(14) 亚硝酸盐显色剂:分别移取 20 mL 磺胺溶液、20 mL 盐酸 N-(1-萘基)-乙二胺溶液、20 mL 浓磷酸,置于 100 mL 棕色容量瓶中,混合均匀。将试剂瓶置于冰箱中,在 4℃下密封、避光、冷藏,保存备用。当溶液变黑时应停止使用重新配制。

(15) 硝酸盐氮标准贮备液(NO$_3$-N,1000 mg/L):准确称取 6.068 g 硝酸钠(优级纯,干燥器中干燥 24 h),溶解于适量水中,转移至 1000 mL 棕色容量瓶中,用水稀释、定容至标线,摇动均匀后,将溶液转移至聚乙烯瓶中,置于冰箱中,在 4℃下密封、避光、冷藏,可有效保存 6 个月备用。

(16) 硝酸盐氮标准使用液Ⅰ(NO$_3$-N,100 mg/L):准确移取 10 mL 硝酸盐氮标准贮备液(1000 mg/L),置于 100 mL 棕色容量瓶中,用水稀释、定容至标线,摇动均匀,待用。该溶液需要现用现稀释配制。

(17) 硝酸盐氮标准使用液Ⅱ(NO$_3$-N,10 mg/L):准确移取 10 mL 硝酸盐氮标准使用液Ⅰ(100 mg/L),置于 100 mL 棕色容量瓶中,用水稀释、定容至标线,摇动均匀,待用。该溶液需要现用现稀释配制。

(18) 硝酸盐氮标准使用液Ⅲ(NO$_3$-N,6 mg/L):移取 6 mL 硝酸盐氮标准使用液Ⅰ(100 mg/L)于 100 mL 棕色容量瓶中,用水定容,混匀。用时现配。

(19) 亚硝酸盐氮标准使用液Ⅲ(NO$_2$-N,6 mg/L):移取 6 mL 亚硝酸盐氮标准使用液Ⅰ(100 mg/L),置于 100 mL 棕色容量瓶中,用水稀释、定容至标线,摇动均匀,待用。该溶液需要现用现稀释配制。

(20) 氨水:体积比 1:3,所用氢氧化铵为优级纯。

(21) 氯化铵缓冲溶液贮备液(NH$_4$Cl,100 g/L):称取 100 g 氯化铵(优级纯),溶解于约 800 mL 水中,用氨水(体积比 1:3)调节 pH 值为 8.7~8.8,转移至 1000 mL 棕色容量瓶中,用水稀释、定容至标线,摇动均匀,保存备用。

(22) 氯化铵缓冲溶液使用液(NH$_4$Cl,10 g/L):移取 100 mL 氯化铵缓冲溶液贮备液(100 g/L),置于 1000 mL 棕色容量瓶中,用水稀释、定容至标线,摇动均匀,保存备用。

四、实验步骤

1. 样品的采集与保存

从目标地块采集的土样,应在 4℃下保存运输回实验室分析检测。土样经手动破碎,拣除杂质,过 5 mm 土样筛。过筛后土样分 2 份,其中一份用于测定土样中干物质含量;另一份用于测定目标物含量。土样分析需在 3 d 内完成。

如果土样需要长时间保存,应将样品置于冰柜中,在 −20℃密封、避光、冷冻保存。土样的冷冻保存时间不超过 1 个月。当测定冷冻土样中的硝酸盐氮和氨氮含量时,应控制土样的解冻温度和解冻时长。在室温环境下解冻时,需在 4 h 内完成土样的解冻、匀质化和目标物提取。如果在 4℃解冻,则土样的解冻时间不应超过 48 h。

2. 目标物的提取

准确称取 40 g 土样,置于 500 mL 聚乙烯瓶中,加入 200 mL 氯化钾溶液(1 mol/L),在 20℃的恒温水浴振荡器(恒温摇床)中振荡提取 1 h。

准确移取 60 mL 提取液,转移至 100 mL 聚乙烯离心管中,置于离心机中,以 3000 r/min 速度离心 10 min。

将离心管中上清液转移到烧杯中,移取 50 mL 上清液于 100 mL 比色管中,然后制备待测试样。

另外,移取 200 mL 氯化钾溶液,置于 500 mL 聚乙烯瓶中,按照相同的操作方式制备得到空白试样做参比。

3. 试样的分析

土壤中含氮盐类主要包括氨氮、亚硝酸盐氮、硝酸盐氮,因此需要绘制 3 种不同目标物的校准曲线,并分别测定 3 种目标物的含量。

1) 氨氮的测定

(1) 氨氮校准曲线的绘制

分别移取 0 mL、0.10 mL、0.20 mL、0.50 mL、1.00 mL、2.00 mL、3.50 mL 的氯化铵缓冲溶液使用液(10 mg/L),置于一系列的 100 mL 具塞比色管中。用水稀释至 10 mL,得到氨氮含量分别为 0 μg、1.0 μg、2.0 μg、5.0 μg、10.0 μg、20.0 μg、35.0 μg 的系列溶液。

向上述系列溶液中各加入 40 mL 硝普酸钠-苯酚显色剂,摇动均匀充分混合,静置 15 min。

向各系列溶液中分别加入 1 mL 二氯异氰尿酸钠显色剂,摇动均匀使之充分混合,在 15～35℃条件下静置不少于 5 h。

利用分光光度计,在 630 nm 波长处,以水为空白参比溶液,测量吸光度。以扣除零浓度后的校正吸光度为纵坐标,氨氮含量(μg)为横坐标,绘制氨氮的校准曲线。

(2) 试样的测定

准确移取 10 mL 的土壤提取液试样,置于 100 mL 具塞比色管中,按照测量氨氮校准曲线溶液吸光度的方式,测量氨氮试样的吸光度。另外,移取 10 mL 空白试样,置于 100 mL 具塞比色管中,相同的步骤测量空白试样的吸光度。

2) 亚硝酸盐氮的测定

(1) 校准曲线的绘制

分别移取 0 mL、1.00 mL、5.00 mL 亚硝酸盐氮标准使用液Ⅱ(10 mg/L)以及 1.00 mL、

3.00 mL、6.00 mL 亚硝酸盐氮标准使用液 I（100 mg/L），置于 6 只 100 mL 的容量瓶中。用水稀释、定容至标线，摇动均匀，从而得到亚硝酸盐氮含量分别为 0 μg、10 μg、50 μg、100 μg、300 μg、600 μg 的系列溶液。

分别移取 1 mL 上述系列溶液，置于 6 支 25 mL 具塞比色管中，分别加入 20 mL 水，摇动均匀。

向每支比色管中加入 0.20 mL 显色剂，充分混合均匀，在室温下静置 1～1.5 h 使之充分显色。

用分光光度计，在 543 nm 波长处，以水为空白参比溶液，测量吸光度。以扣除零浓度后的校正吸光度作为纵坐标，以亚硝酸盐氮含量（μg）作为横坐标，绘制亚硝酸盐氮的校准曲线。

（2）试样的测定

准确移取 1 mL 土样提取液，置于 25 mL 比色管中，按照上述相同的步骤测量土样提取液的吸光度。同样地，量取 1 mL 空白试样，置于 25 mL 具塞比色管中，通过相同的操作步骤，测量空白试样的吸光度。

3）硝酸盐氮的测定

（1）还原柱的准备

打开活塞，让氯化铵缓冲溶液全部流出还原柱。分别用 20 mL 氯化铵缓冲溶液使用液（10 g/L）、20 mL 氯化铵缓冲溶液贮备液（100 g/L）、20 mL 氯化铵缓冲溶液使用液（10 g/L），顺序滤过还原柱，以备后用。

（2）校准曲线的绘制

① 分别移取 0 mL、1.00 mL、5.00 mL 硝酸盐氮标准使用液 II（10 mg/L）以及 1.00 mL、3.00 mL、6.00 mL 硝酸盐氮标准使用液 I（100 mg/L），置于 6 只 100 mL 容量瓶中，用水稀释、定容至标线，摇动均匀，从而得到一组硝酸盐氮含量分别为 0 μg、10 μg、50 μg、100 μg、300 μg、600 μg 的系列溶液。

② 将还原柱活塞关闭，从上述 6 只容量瓶中分别移取 1.00 mL 系列溶液，置于一系列还原柱中。向各还原柱中分别加入 10 mL 氯化铵缓冲溶液使用液（10 g/L），打开还原柱活塞，让缓冲溶液以 1 mL/min 的流速通过还原柱，用 50 mL 具塞比色管收集洗脱液。

③ 当柱内液面达到顶部棉花时，再分别加入 20 mL 氯化铵缓冲溶液使用液（10 g/L），收集所有流出液，合并入各对应比色管中。最后用 10 mL 氯化铵缓冲溶液使用液（10 g/L）清洗还原柱。

④ 向上述各比色管中分别加入 0.20 mL 显色剂，使之混合均匀。室温下静置 1～1.5 h。利用分光光度计，在 543 nm 波长处，以水为空白参比溶液，测量系列标准溶液的吸光度。以扣除零浓度后的校正吸光度为纵坐标，以硝酸盐氮含量（μg）为横坐标，绘制硝酸盐氮的校准曲线。

（3）试样的测定

准确移取 1 mL 土样提取液，置于还原柱中，开展与上述操作相同的吸光度测量步骤。同样地，移取 1 mL 空白试样，置于还原柱中，用相同的实验步骤测量空白试样的吸光度。

五、实验结果分析

土壤中不同类型含氮盐分的含量，可以分别通过下列公式计算得到。

(1) 土样中氨氮的含量($\omega_{氨氮}$)计算

$$\omega_{氨氮} = \frac{m_1 - m_0}{V} \cdot f \cdot R$$

$$R = \frac{V_{ES} + m_s \times (1 - w_{dm})/d_{H_2O}}{m_s \cdot w_{dm}}$$

式中：$\omega_{氨氮}$——土壤样品中氨氮的含量，mg/kg；

m_1——从校准曲线上查得的试样中氨氮的质量，μg；

m_0——从校准曲线上查得的空白试样中氨氮的质量，μg；

V——测定时的试样体积，10 mL；

f——试样的稀释倍数；

R——试样体积（包括提取液体积和土壤中水分的体积）与干土的比例系数，mL/g；

V_{ES}——目标物提取液的体积，200 mL；

m_s——土壤样品的质量，40 g；

d_{H_2O}——水的密度，1 g/mL；

w_{dm}——土壤中干物质占比，%。

（2）土样中亚硝酸盐氮的含量($\omega_{亚硝酸盐氮}$)计算

$$\omega_{亚硝酸盐氮} = \frac{m_1 - m_0}{V} \cdot f \cdot R$$

式中：$\omega_{亚硝酸盐氮}$——土壤样品中亚硝酸盐氮的含量，mg/kg；

m_1——从校准曲线上查得的试样中亚硝酸盐氮的质量，μg；

m_0——从校准曲线上查得的空白试样中亚硝酸盐氮的质量，μg；

V——测定时的试样体积，1 mL；

f——试样的稀释倍数；

R——试样体积（包括提取液体积与土壤中水分的体积）与干土的比例系数，mL/g。
R 的计算与氨氮中 R 的方式一致。

（3）土样中硝酸盐氮和亚硝酸盐氮的总量($\omega_{硝酸盐氮和亚硝酸盐氮}$)计算

$$\omega_{硝酸盐氮和亚硝酸盐氮} = \frac{m_1 - m_0}{V} \cdot f \cdot R$$

式中：$\omega_{硝酸盐氮和亚硝酸盐氮}$——样品中硝酸盐氮与亚硝酸盐氮的总含量，mg/kg；

m_1——从校准曲线上查得的试样中硝酸盐氮与亚硝酸盐氮的总质量，μg；

m_0——从校准曲线上查得的空白试样中硝酸盐氮与亚硝酸盐氮的总质量，μg；

V——测定时的试样体积，1 mL；

f——试样的稀释倍数；

R——试样体积（包括提取液体积与土壤中水分的体积）与干土的比例系数，mL/g。
R 的计算与氨氮中 R 的方式一致。

（4）硝酸盐氮的含量

$$\omega_{硝酸盐氮} = \omega_{硝酸盐氮和亚硝酸盐氮} - \omega_{亚硝酸盐氮}$$

当测定结果小于 1 mg/kg 时，结果数值保留 2 位小数；当测定结果不小于 1 mg/kg 时，数值保留 3 位有效数字。

六、注意事项

（1）采集得到的土样，在冷冻保存前，需手动破碎，拣除砂石、植物残屑，然后置于封口袋或者其他洁净器皿中冷冻保存，目的是保证在规定时间内完成解冻。

（2）硝酸盐还原柱的制备可以参考图 28-1 准备。

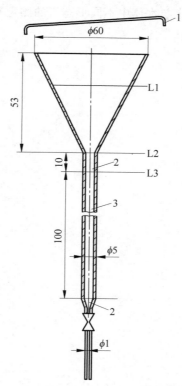

1—还原柱盖子；2—填充的棉花；3—处理后的镉粉。

图 28-1　硝酸盐还原柱的制备

还原柱的制备过程具体如下：

① 镉粉的处理：用浓盐酸浸泡 10 g 镉粉（粒径 0.3～0.8 mm）10 min，用水冲洗不少于 5 次。用水浸泡 10 min 后，加入 0.5 g 硫酸铜，混合 1 min，然后用水冲洗不少于 10 次，直至黑色铜絮凝物消失。

用浓盐酸重复浸泡混合 1 min，用水冲洗不少于 5 次。处理好的镉粉，用水浸泡，1 h 内装柱。

② 还原柱的准备

还原柱底端加入少许棉花，加水至漏斗 2/3 处（L1），缓慢添加处理好的镉粉至 L3 处（约 10 cm），添加过程中不断敲打柱子使其填实。最后，在柱子上端加入少许棉花至 L2 处。

如果还原柱 1 h 内不用，应加入氯化铵缓冲溶液贮备液至 L1 处。盖上漏斗盖子，防止蒸发和灰尘进入。制备所得还原柱可有效保存 1 个月。使用前检查还原柱转化效率。

③ 实验中苯酚、亚硝酸钠等试剂有毒，要提前做好个人防护、规范操作、避免皮肤接触沾染或入口，确保安全。

④ 当试料中氨氮浓度超过校准曲线的最高点时,应用氯化钾溶液(1 mol/L)稀释试样,然后重新测定。

七、讨论与思考

(1) 土壤中不同形态的氮的转换方式有哪些？分别对应的是什么过程？

(2) 土壤中含氮盐分的测定与水体中不同形态氮的测定有哪些异同点？

实验二十九 土壤中六价铬的测定

土壤中的六价铬的化合物主要来源于电镀、皮革、冶金等含铬废水的排放,以及含铬废渣在堆放过程中,由于降水淋溶作用产生的六价铬的溶出。铬是自然环境中的一种重要金属污染物,通常以三价铬、六价铬两种价态存在。三价铬是人和动物必需的微量元素,六价铬则是毒性较大的致畸、致突变剂。六价铬容易被人体吸收,而且容易在动植物体内发生累积,并通过食物链传递和放大。因此,铬污染的发生与六价铬的存在不但损害土壤环境质量,而且给人体健康带来潜在的巨大风险和安全威胁。

一、实验目的

(1)掌握土壤中六价铬的碱溶液提取方法和实验操作步骤。

(2)熟悉原子吸收分光光度计的工作原理,掌握测定六价铬的操作手段。

二、实验原理

土壤样品中六价铬,用 pH 值不小于 11.5 的碱性溶液提取。从土样中提取得到的含有六价铬的试样,导入原子吸收分光光度计,喷入空气-乙炔火焰,在高温火焰中形成铬基态原子,对铬的特征谱线产生吸收,在一定范围内,测定得到的吸光度值与试样溶液中六价铬的质量浓度成正比。结合校准曲线得到试样中六价铬的浓度,进而计算得到土样中六价铬的实际含量。

三、实验器材与试剂

1. 主要器材

(1)分析天平。

(2)烘箱。

(3)干燥器。

(4)pH 计。

(5)真空抽滤器。

(6)尼龙筛。

(7)火焰原子吸收分光光度计:铬的空心阴极灯。

(8)聚乙烯瓶。

(9)容量瓶:100 mL、1000 mL。

(10)移液管:1 mL、5 mL、10 mL。

(11)滴管。

2. 主要试剂

除非另有说明,实验中所用试剂均为分析纯,操作过程中所用水均为新制备的去离子水。

(1)硝酸:优级纯。

(2)磷酸氢二钾-磷酸二氢钾缓冲溶液:分别准确称取 87.1 g 磷酸氢二钾、68 g 磷酸二氢钾溶解于适量水中,转移至 1000 mL 容量瓶中,用水稀释、定容至标线。

(3) 碱性提取溶液:分别称取 30 g 碳酸钠、20 g 氢氧化钠,溶解于适量水中,转移至 1000 mL 容量瓶中,用水稀释、定容至标线。将溶液转移至聚乙烯瓶中,密封、保存、备用。该溶液在使用前需保证其 pH 值大于 11.5。

(4) 六价铬标准贮备液(1000 mg/L):购用市售有证的标准品溶液。

(5) 六价铬标准使用液(100 mg/L):准确移取 10 mL 六价铬标准贮备液,置于 100 mL 容量瓶中,用水稀释、定容至标线,摇动均匀。在常温、密封、避光条件下,可有效保存 6 个月备用。

(6) 聚乙烯薄膜。

(7) 滤膜:0.45 μm。

四、实验步骤

1. 样品的采集与保存

将采集所得的土样手动破碎,拣除树叶、草根、砂石等杂质,置于阴凉处风干(或利用冷冻干燥机冻干),破碎、研磨,过 0.150 mm 样品筛,置于冰箱中 4℃、密封、避光、冷藏,保存备用。

2. 土样干物质含量的测定

将容器和盖子置于烘箱中,在(105±5)℃下烘干 1 h,待适当降温冷却后,盖好容器,将其置于干燥器中不少于 45 min,精确测定带盖容器的质量。

称取 10～15 g 风干土样,置于准确称重后的带盖容器中,盖好容器,精确测定其总质量。

称量总质量后,将容器和风干土样置于烘箱中,在(105±5)℃下烘干至恒重,同时烘干容器盖。待适当冷却后,将容器盖好,置于干燥器中不少于 45 min,然后立即精确测定带盖容器和烘干土壤的总质量。

土样中干物质的含量通过下列公式计算得到,即

$$w_{dm} = \frac{m_2 - m_0}{m_1 - m_0} \times 100\%$$

式中:w_{dm}——土样中的干物质占比,%;

　　m_0——带盖容器的质量,g;

　　m_1——带盖容器及风干土壤试样或带盖容器及新鲜土壤试样的总质量,g;

　　m_2——带盖容器及烘干土壤的总质量,g。

3. 试样的制备

(1) 准确称取 5 g 土样,置于 250 mL 烧杯中,加入 50 mL 碱性提取溶液。

(2) 分别称取 0.4 g 氯化镁,移取 0.5 mL 磷酸氢二钾-磷酸二氢钾缓冲溶液,加入烧杯中。

(3) 烧杯中放入搅拌子,用聚乙烯薄膜封口,常温下搅拌 5 min,然后在 90～95℃下持续搅拌 1 h。

(4) 加热搅拌结束后,待溶液冷却至室温,用真空抽滤器将冷却后的溶液抽滤,滤液盛接于烧杯中,用硝酸调节溶液 pH 值在 7～8。将溶液转移至 100 mL 容量瓶中,用水稀释、定容至标线,摇动均匀,备测。

在上述相同的操作流程和条件下,制备空白试样。

4. 校准曲线的绘制

分别移取 0 mL、0.1 mL、0.2 mL、0.5 mL、1.0 mL、2.0 mL 六价铬标准使用液,置于 250 mL 烧杯中,按照相同的实验步骤和操作条件,制备校准曲线溶液(参考浓度:0 mg/L、0.1 mg/L、0.2 mg/L、0.5 mg/L、1.0 mg/L、2.0 mg/L,或者根据实际样品的浓度设置溶液系列浓度)。

用空白试样溶液调整仪器零点,按照校准曲线溶液浓度升高的梯度顺序,依次测定溶液吸光度。

以溶液中六价铬的浓度为横坐标,测定所得吸光度为纵坐标,绘制六价铬的校准曲线。

5. 试样的测定

(1)仪器的准备

根据仪器使用说明和实际情况,设定原子吸收分光光度计的工作参数(可参考表 29-1 中设置,也可以根据具体情况优化设置)。

表 29-1　原子吸收分光光度计工作参数设定参考

仪器工作参数	设定参考
测定波长/nm	357.9
通带宽度/nm	0.2
火焰性质	富燃还原性(光源光斑通过火焰明亮蓝色部分)
次灵敏度/nm	359.0、360.5、425.4
燃烧头高度	光焰光板通过中间反映区域

(2)试样的测定

利用与校准曲线工作溶液吸光度相同的测定方式和条件,测定试样中的吸光度,并以相同操作测定空白试样。

五、实验结果分析

土样中六价铬的含量可以根据下式计算得到,即

$$\omega = \frac{\rho \cdot V \cdot D}{m \cdot w_{dm}}$$

式中:ω——土样中六价铬的含量,mg/kg;

ρ——试样溶液中六价铬的质量浓度,mg/L;

V——试样的定容后体积,mL;

D——试样溶液的稀释倍数;

m——土样质量,g;

w_{dm}——土壤样品的干物质占比,%。

测定所得结果数值小数点后最多保留 3 位有效数字。

六、注意事项

(1)六价铬有毒,注意避免皮肤接触或者衣物沾染,实验过程中做好个人防护,规范操作,保证实验安全。

(2)实验中所用酸碱溶液以及含六价铬的废液,不能随意倾倒,要统一收集,规范处置。

（3）仪器使用过程中要按照使用说明和要求规范操作，特别注意仪器的用气安全，使用前后要注意检漏。

七、讨论与思考

（1）如果试样溶液中六价铬的含量低于或者高于校准曲线浓度范围，应当如何处理？

（2）土壤中六价铬的碱式提取测定与水样中铬的测定有哪些异同点？

实验三十　土壤中汞的测定

　　汞是一种剧毒、人体非必需的金属元素,广泛存在于土壤、沉积物等要素环境中。汞在自然环境中普遍存在,一般动植物体内都含有极其微量的汞,这些汞可以在生物体内通过自身的代谢过程排出体外。通常来讲,如果误食极少量的液态汞单质对人体危害不大,但是如果吸入汞蒸气或者摄入了有机化的汞,则会给人体带来慢性的神经毒害作用,或者急性的汞中毒。汞的有机化合物如二甲基汞等非常危险,它们会导致中枢神经系统被破坏,甚至导致脑损伤或者死亡。另外,汞可以在动植物体内发生累积,并通过食物链传递和放大。因此,土壤以及沉积物中发生汞污染,不但会影响生态环境质量,而且会给人体健康带来巨大的潜在威胁。

一、实验目的

　　(1)掌握荧光光度法测定土样中汞元素的原理及实验步骤。
　　(2)熟悉影响汞测定结果的主要因素,掌握消除或弱化干扰的方式。

二、实验原理

　　土样经过微波消解后,将消解所得试液导入原子荧光光度计,在硼氢化钾溶液的还原作用下,汞会被还原成原子态,在氩氢火焰中形成基态原子,在汞元素灯发射光的激发作用下,产生原子荧光,测定得到的原子荧光强度与试液中汞元素的含量成正比,结合校准曲线得到溶液中汞的浓度,进而计算得到土壤样品中汞元素的实际含量。

三、实验器材与试剂

1. 主要器材

　　(1)分析天平。
　　(2)微波消解仪。
　　(3)原子荧光光度计。
　　(4)恒温水浴锅。
　　(5)烘箱。
　　(6)具塞容量瓶:50 mL。
　　(7)具塞比色管:500 mL、1000 mL。
　　(8)移液管:5 mL、10 mL、25 mL。
　　(9)滴管。
　　(10)聚四氟乙烯消解罐。

2. 主要试剂

　　除非另有说明,实验中所用试剂均为优级纯,实验操作中所用水均为新制备的去离子水。
　　(1)盐酸。
　　(2)硝酸。

（3）盐酸溶液（体积比 5∶95）：移取 25 mL 盐酸，置于盛有适量水的 500 mL 容量瓶中，用水稀释、定容至标线，保存备用。溶液配制过程须在通风橱内进行。

（4）盐酸溶液（体积比 1∶1）：移取 500 mL 盐酸，置于盛有适量水的 1000 mL 容量瓶中，用水稀释、定容至标线，保存备用。溶液配制过程须在通风橱内进行。

（5）还原剂硼氢化钾溶液（10 g/L）：准确称取 0.5 g 氢氧化钾，置于盛有 100 mL 水的烧杯中，用玻璃棒搅拌使其完全溶解。另准确称取 1.0 g 硼氢化钾，持续搅拌，将其溶解于配制的氢氧化钾溶液中。该溶液须当天现用现配，用于汞的测定。

（6）汞标准固定液：准确称取 0.5 g 重铬酸钾，溶解于适量水中，转移至 1000 mL 容量瓶中，移取 50 mL 浓硝酸加入其中，将溶液摇动均匀，保存备用。

（7）汞的标准贮备液（100 mg/L）：购用市售有证的标准品。

（8）汞的标准中间液（1 mg/L）：移取 5 mL 汞的标准贮备液，置于 500 mL 容量瓶中，用汞标准固定液稀释、定容至标线，摇动均匀、保存备用。

（9）汞的标准使用液（10 μg/L）：移取汞的标准中间液 5 mL，置于 500 mL 容量瓶中，用汞的标准固定液稀释、定容至标线，摇动均匀、保存备用。该使用液需要实验时现用现配。

四、实验步骤

1. 样品的采集与保存

将采集所得的土样手动破碎，拣除树叶、草根、砂石等杂质，阴凉处风干（或利用冷冻干燥机冻干），破碎、研磨，过 0.150 mm（100 目）样品筛，置于冰箱中 4℃、密封、避光、冷藏，保存备用。

2. 试样的制备

（1）准确称取 0.1～0.5 g 土样精确至 0.1 mg，置于带盖的聚四氟乙烯消解罐中，滴加少量水刚好润湿。在通风橱中，向消解罐中分别移取加入 6 mL 盐酸、2 mL 硝酸，将溶液轻轻摇动，使土样与混合酸溶液充分接触。

（2）待罐中没有明显气泡产生，溶液状态稳定后，将消解罐盖子拧紧密封，安置于微波消解仪炉腔内的支架上，连接好主控罐上的温度传感器和压力传感器。按照设定的升温程序进行微波消解（具体升温步骤可以参考表 30-1，或者根据实际情况优化设置）。

表 30-1　微波消解仪升温程序参考设定

升温时间/min	设定温度/℃	保持时间/min
5	100	2
5	150	3
5	180	25

（3）消解程序结束后，待消解罐冷却至室温，在通风橱中缓慢释放消解罐中压力，打开消解罐，用玻璃小漏斗过滤溶液，滤液盛接于 50 mL 具塞容量瓶中，用水冲洗消解罐盖子、罐内沉淀及罐内壁，将洗涤溶液收集并入容量瓶中，用水稀释、定容至标线，将容量瓶摇动均匀，待测。

3. 试料的制备

分别移取 10 mL 的试样溶液，置于 50 mL 具塞容量瓶中，移取 2 mL 盐酸加入其中，混合均匀，在室温下静置 30 min（如果室温低于15℃，可将容量瓶置于30℃水浴锅中静置保温

20 min),用水稀释、定容至标线,将容量瓶摇动均匀,保存备用。

4. 测土样含水率和干物质含量

将容器和盖子置于烘箱中,在(105±5)℃下烘干 1 h,待适当降温冷却后,盖好容器,将其置于干燥器中冷却不少于 45 min,精确测定带盖容器的质量。

称取 10~15 g 风干土样,置于准确称重后的带盖容器中,盖好容器,精确测定其总质量。

称量总质量后,将容器和风干土样置于烘箱中,在(105±5)℃下烘干至恒重,同时烘干容器盖。待适当冷却后,将容器盖好,置于干燥器中冷却不少于 45 min,然后立即精确测定带盖容器和烘干土壤的总质量。

土样中干物质的含量、含水率分别通过下列公式计算得到,即

$$w_{dm} = \frac{m_2 - m_0}{m_1 - m_0} \times 100\%$$

$$w_{H_2O} = \frac{m_1 - m_2}{m_2 - m_0} \times 100\%$$

式中：w_{dm}——土样中的干物质占比,%；

w_{H_2O}——土样中的水分占比,%；

m_0——带盖容器的质量,g；

m_1——带盖容器及风干土壤试样或带盖容器及新鲜土壤试样的总质量,g；

m_2——带盖容器及烘干土壤的总质量,g。

5. 校准曲线的绘制

分别移取 0.5 mL、1 mL、2 mL、3 mL、4 mL、5 mL 的汞标准使用液,置于 50 mL 具塞容量瓶中,分别加入 2.5 mL 浓盐酸,用水稀释、定容至标线,摇动均匀,待测。

以硼氢化钾溶液为还原剂,盐酸溶液(体积比 5∶95)为载流,按照由低到高的浓度梯度顺序,以此测定标准系列溶液的原子荧光强度。同时,在相同的操作步骤和测定方式下,做空白参比溶液的测定。

用溶液中汞元素的浓度作为横坐标,以扣除零浓度空白后的校准溶液的原子荧光强度作为纵坐标,绘制汞的校准曲线。

6. 试样的测定

(1) 原子荧光光度计的预备。

按照仪器使用说明要求设定灯电流、负高压、载气流量、屏蔽气流量等相关参数(可参考表 30-2 数值,按照实际情况优化设置)。

表 30-2　原子荧光光度计的参数设定参考值

灯电流/mA	负高压/V	原子化器温度/℃	载气流量/(mL/min)	屏蔽气流量/(mL/min)	灵敏线波长/nm
15~40	230~300	200	400	800~1000	253.7

(2) 将制备好的试样导入原子荧光光度计中,于校准曲线溶液相同的测定条件下测定荧光强度。通过测定得到的荧光强度结合校准曲线,得到试样溶液中汞元素的含量,然后根据公式计算得到土壤样品中汞的实际含量。

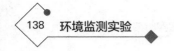

五、实验结果分析

土壤样品中汞元素的含量可以通过下式计算得到,即

$$\omega_s = \frac{(\rho - \rho_0) \cdot V_0 \cdot V_2}{m \cdot w_{dm} \cdot V_1} \times 10^{-3}$$

式中:ω_s——土壤样品中汞元素的含量,mg/kg;

ρ——根据校准曲线查得的汞元素质量浓度,μg/L;

ρ_0——空白溶液中汞元素的测定质量浓度,μg/L;

V_0——微波消解后试液的定容体积,mL;

V_1——分取试液的体积,mL;

V_2——分取后测定试液的定容体积,mL;

m——土壤样品的质量,g;

w_{dm}——土壤样品的干物质占比,%。

当测定结果小于 1 mg/kg 时,小数点后最多保留 3 位有效数字;当测定结果大于 1 mg/kg 时,小数点后保留 3 位有效数字。

六、注意事项

(1)实验中所用浓酸均具有腐蚀性,应做好个人防护,保证安全。同时,土样的消解操作应当在通风橱内进行,并且注意确保室内通风良好。

(2)实验中所用器材均需用硝酸溶液(体积比1:1)浸泡清洗,然后依次用自来水、去离子水多次冲洗干净。

(3)如果消解过后,消解罐中有少量黑色残渣,说明土壤中有机物质没有消解完全,因此可以适量加入混酸(4 mL 盐酸、2 mL 硝酸、0.5~1 mL 高氯酸)重复消解,至黑色残渣消解完全,最终消失。

(4)实验中汞的标准溶液及使用液均有毒,须做好防护、规范操作,避免皮肤、衣物接触或沾染。

七、讨论与思考

(1)影响土样消解效果的因素有哪些?采取哪些方式保证效果?

(2)相比用火焰原子吸收分光光度法测定镉,汞的测定方法有何异同?

Ⅵ 微生物指标测定和噪声监测

实验三十一　水中粪大肠菌群的测定

粪大肠菌群又称作耐热大肠菌群,指的是 44.5℃ 培养 24 h,能发酵乳糖产酸产气的、需氧及兼性厌氧的革兰氏阴性无芽孢杆菌。大肠菌群并非细菌学分类命名,而是卫生细菌领域的用语,它不代表某一个或某一属细菌,而指的是具有某些特性的一组与粪便污染有关的细菌,这些细菌在生化及血清学方面并非完全一致。一般认为该菌群细菌可包括大肠埃希菌、柠檬酸杆菌、产气克雷白菌和阴沟肠杆菌等。大肠菌群分布较广,在温血动物粪便和自然界中广泛存在。大肠菌群是作为粪便污染指标菌提出来的,主要是以该菌群的检出情况来表示食品中有无粪便污染。粪便是人类肠道排泄物,既有健康人粪便,也有肠道患者或带菌者的粪便,所以粪便内除一般正常细菌外,同时也会有一些沙门菌、志贺菌等肠道致病菌存在。大肠菌群数的高低表明了粪便污染的程度,也反映了对人体健康危害性的大小。因而食品中有粪便污染,则可以推测该食品中存在着肠道致病菌污染的可能性,潜藏着食物中毒和引发流行病的威胁,必须看作对人体健康具有潜在的危险性。因此,国家饮用水标准规定,饮用水中不得存在大肠菌群。

一、实验目的

(1)掌握多管发酵法测定水样中粪大肠菌群数的原理和操作流程。

(2)掌握多管发酵法针对不同水体水样的使用方法和环节细节。

二、实验原理

粪大肠菌群的检测方法主要包括多管发酵法、滤膜法、光度法、疏水栅格滤膜法、纸片快速法和酶底物法等。本次实验以多管发酵法开展水体中大肠菌群的检测。通过将样品加入含乳糖蛋白胨培养基的试管中,经过在 37℃ 下初发酵富集培养,大肠菌群在培养基中生长繁殖分解乳糖产酸、产气。在大肠菌群培养过程中,发酵产生的酸使得溴甲酚紫指示剂由紫色变为黄色;产生的气体则进入倒管中,指示产气。经过 44.5℃ 的复发酵培养,培养基中的胆盐三号可抑制革兰氏阳性菌的生长,最后产气的细菌确定为粪大肠菌群。通过查最大概率数(最大或然数)(most probable number, MPN)表明确粪大肠菌群浓度值,继而得到目标水体中粪大肠菌群的含量。

三、实验器材与试剂

1. 主要器材

(1)分析天平。

(2)采样瓶:500 mL 带螺旋帽或磨口塞的广口玻璃瓶。

(3)高压蒸汽灭菌器:115℃、121℃ 可调。

(4)水浴锅/恒温培养箱。

（5）冰箱。

（6）pH 计。

（7）接种环：直径 3 mm。

（8）试管：20 mL、50 mL、300 mL。

（9）移液管：1 mL、5 mL、10 mL。

（10）滴管。

（11）表面皿：100 mm。

（12）烧杯：200 mL、500 mL、2000 mL。

（13）锥形瓶：250 mL、500 mL。

（14）酒精灯。

（15）电子显微镜。

2. 主要试剂

除非另有说明，实验中所用试剂均为分析纯或符合国家标准的生物试剂，操作过程中所用水均为新制备的去离子水。

（1）乳糖蛋白胨培养基：分别称取 10 g 蛋白胨、3 g 牛肉浸膏、5 g 乳糖、5 g 氯化钠，加入 1000 mL 水中，加热溶解。调节溶液 pH 值为 7.2～7.4，再加入 1 mL 溴甲酚紫乙醇溶液（1.6%），充分搅拌混匀。将溶液分装于含有倒管的试管中，置于高压蒸汽灭菌器中，115℃下灭菌 20 min，加热结束，待其冷却后，将试管置于冷暗处保存，备用。或者根据实验条件，选购市售成品的培养基。

（2）三倍乳糖蛋白胨培养基：称取三倍于乳糖蛋白胨培养基各配制成分的量，溶解于 1000 mL 的水中，也经过加热溶解、调节 pH 值、分装灭菌、冷却保存等相同的培养步骤，配成三倍乳糖蛋白胨培养基。

（3）EC 培养基：分别称取 20 g 胰胨、5 g 乳糖、1.5 g 胆盐三号、4 g 磷酸氢二钾、1.5 g 磷酸二氢钾、5 g 氯化钠，置于 1000 mL 水中，加热使之全部溶解；将溶液分装于有玻璃倒管的试管中，将试管置于高压蒸汽灭菌器中，在 115℃ 下灭菌 20 min，灭菌后的培养基 pH 值应在 6.9 左右。

（4）无菌水：取适量去离子水，利用高压蒸汽灭菌器，在 121℃ 下灭菌 20 min，备用。

（5）硫代硫酸钠溶液（0.10 g/mL）：准确称取 15.7 g 硫代硫酸钠（$Na_2S_2O_3$）溶于适量水中，转移至 100 mL 容量瓶中，用去离子水稀释、定容至标线，备用。该溶液需要现用现配。

（6）乙二胺四乙酸二钠溶液（0.15 g/mL）：称取 15 g 二水合乙二胺四乙酸二钠（$C_{10}H_{14}N_2O_8Na_2 \cdot 2H_2O$）溶于适量水中，转移至 100 mL 容量瓶中，用去离子水稀释、定容至标线，备用。该溶液可有效保存 30 d 备用。

四、实验步骤

1. 样品的采集与保存

1）样品的采集

（1）地表水样的采集

采集微生物样品时，采样瓶使用前必须经过高压蒸汽灭菌，同时在采样过程中，不得用样品洗涤采样瓶。

清洁水体的采样量不少于 400 mL,其他水体的采样量不少于 100 mL。采集河流、湖库等地表水样品时,可握住瓶子下部直接将带塞采样瓶插入水中,在距离水面 10～15 cm 处,将瓶口朝向水流方向,打开瓶塞,使水样灌入瓶内,塞好瓶塞,再将采样瓶从水中取出。如果采样现场的水体没有明显水流,可以握住瓶子并水平往前推动,使水样灌入瓶内,塞好瓶塞,再将采样瓶从水中取出。

水样的采集量,一般为采样瓶容量的 80％ 左右。水样在采集完成后,要迅速用无菌包装纸包扎。

（2）自来水的采集

从自来水的水龙头采集水样时,不要选择水龙头漏水的采样点。

采水前将水龙头打开至最大,持续放水 3～5 min,然后将水龙头关闭。用酒精灯的外火焰灼烧大约 3 min,用以水龙头的灭菌(或者用 70％～75％ 的乙醇擦拭水龙头进行消毒)。重新将水龙头完全打开,持续放水 1 min 左右,以充分去除水管中滞留的杂质。准备采样时,适当控制水流速度,小心地将水接入采样瓶内。

在同一采样点进行分层采样时,应自上而下进行,以免造成对不同层次水体的搅动干扰。

（3）污染水样的采集

如果采集的是含有活性氯的样品,需在采样瓶灭菌前,加入硫代硫酸钠溶液,用以消除活性氯对细菌的抑制作用(每 125 mL 容积加入 0.1 mL 的硫代硫酸钠溶液,硫代硫酸钠用量可根据样品实际活性氯量调整)。

如果采集的是重金属离子含量较高的水样,则在采样瓶灭菌前,加入乙二胺四乙酸二钠溶液,用以消除重金属离子的干扰(每 125 mL 容积加入 0.3 mL 的乙二胺四乙酸二钠溶液)。

2）水样（试样）的保存

采集后所得的水样应当在 2 h 内检测。否则,应将水样置于冰箱中保存,在 10℃ 以下冷藏时长不超过 6 h。

实验室接样后,不能立即开展分析的,应当将试样置于冰箱中保存,在 4℃ 以下冷藏,在 2 h 内进行检测。

2. 样品的稀释与接种

（1）污染水样

对于受到污染的水样,先将水样稀释,再按照后面的操作接种,以生活污水为例,可以先将水样稀释 10^4 倍,然后按照下述的操作步骤,即分别接种 10 mL、1 mL 和 0.1 mL,也即下述的 15 管法。

将水样充分混匀后,在 5 支分别装有已灭菌的 5 mL 三倍乳糖蛋白胨培养基的试管中(内有倒管),按无菌操作要求,各加入 10 mL 水样。在 5 支分别装有已灭菌的 10 mL 单倍乳糖蛋白胨培养基的试管中(内有倒管),按无菌操作要求,各加入水样 1 mL。在 5 支分别装有已灭菌的 10 mL 单倍乳糖蛋白胨培养基的试管中(内有倒管),按无菌操作要求,各加入水样 0.1 mL。

当样品接种量小于 1 mL 时,应将样品制成稀释样品后使用。按无菌操作要求方式吸取 10 mL 充分混匀的样品,注入盛有 90 mL 无菌水的锥形瓶中,混匀成 1∶10 稀释样品。

吸取 1∶10 的稀释样品 10 mL 注入盛有 90 mL 无菌水的三角烧瓶中,混匀成 1∶100 稀释样品。其他接种量的稀释样品以此类推。

15 管法中水样的接种量可以参考表 31-1。

表 31-1 水样的接种量参考

水样类型		水样接种量/mL						
		10	1	0.1	10^{-2}	10^{-3}	10^{-4}	10^{-5}
地表水	水源水	▲	▲	▲				
	湖泊水库	▲	▲	▲				
	河流		▲	▲	▲			
	生活污水					▲	▲	▲
废水	工业废水 处理前					▲	▲	▲
	工业废水 处理后							
	地下水	▲	▲	▲				
		▲	▲	▲				

(2)清洁水样

与污染水样相对应的,生活应用水等清洁水样可以采用 12 管法。即将水样充分混匀后,在 2 支分别装有已灭菌的 50 mL 三倍乳糖蛋白胨培养基的大试管中(内有倒管),按无菌操作要求,各加入 100 mL 水样。

在 10 支分别装有已灭菌的 5 mL 三倍乳糖蛋白胨培养基的试管中(内有倒管),按无菌操作要求,各加入 10 mL 水样。

3. 发酵与测定

(1)初发酵试验

将水样接种后的试管置于恒温培养箱中,在 37℃条件下培养 24 h。发酵试管颜色变黄为产酸,小玻璃倒管内有气泡为产气。产酸和产气的试管表明试验呈阳性。如在倒管内产气不明显,可轻拍试管,有小气泡升起的为阳性。

(2)复发酵试验

轻微振荡在初发酵试验中显示为阳性或疑似阳性(只产酸未产气)的试管,用经酒精灯外火焰灼烧灭菌并冷却后的接种环,将培养物分别转接到装有 EC 培养基的试管中。

在(44.5±0.5)℃条件下,培养 24 h。转接后的所有试管必须在 30 min 内放进恒温培养箱或水浴锅中。培养后立即观察,试管中产气证实为粪大肠菌群阳性。

每次试验都要用无菌水,按照上述实验步骤进行实验室空白测定。

五、实验结果分析

接种 12 份样品时,根据表 31-2 得到 MPN 值,接种 15 份样品时,根据表 31-3 得到每升粪大肠菌群的 MPN 值。根据 MPN 值,按照下式计算得到水样中粪大肠菌群数(MPN/L),即

$$C = \frac{MPN \times 100}{f}$$

式中:C——样品中粪大肠菌群数,MPN/L;

MPN——每 100 mL 样品中粪大肠菌群数,MPN/100 mL;

100——10×10 mL，其中，10 为将 MPN 值的单位 MPN/100 mL 转换为 MPN/L，

10 mL 为 MPN 表中最大接种量；

f——实际样品最大接种量，mL。

测定结果保留至整数位，最多保留两位有效数字，当测定结果不小于 100 MPN/L 时，以科学计数法表示。当测定结果低于检出限时，12 管法以"未检出"或"小于 3 MPN/L"表示；15 管法以"未检出"或"小于 20 MPN/L"表示。

表 31-2　12 管法最大概率数（MPN）表

10 mL 样品量的阳性管数	100 mL 样品量的阳性瓶数		
	0	1	2
	1 L 样品中粪大肠菌群数	1 L 样品中粪大肠菌群数	1 L 样品中粪大肠菌群数
0	<3	4	11
1	3	8	18
2	7	13	27
3	11	18	38
4	14	24	52
5	18	30	70
6	22	36	92
7	27	43	120
8	31	51	161
9	36	60	230
10	40	69	>230

注：接种 2 份 100 mL 样品，10 份 10 mL 样品，总量 300 mL。

表 31-3　15 管法最大概率数（MPN）表

各接种量阳性份数			MPN/100 mL	95% 置信限		各接种量阳性份数			MPN/100 mL	95% 置信限	
10 mL	1 mL	0.1 mL		下限	上限	10 mL	1 mL	0.1 mL		下限	上限
0	0	0	<2			0	2	4	11		
0	0	1	2	<0.5	7	0	2	5	13		
0	0	2	4	<0.5	7	0	3	0	6	<0.5	15
0	0	3	5			0	3	1	7		
0	0	4	7			0	3	2	9		
0	0	5	9			0	3	3	11		
0	1	0	2	<0.5	7	0	3	4	13		
0	1	1	4	<0.5	11	0	3	5	15		
0	1	2	6	<0.5	15	0	4	0	8		
0	1	3	7			0	4	1	9		
0	1	4	9			0	4	2	11		
0	1	5	11			0	4	3	13		
0	2	0	4	<0.5	11	0	4	4	15		
0	2	1	6	<0.5	15	0	4	5	17		
0	2	2	7			0	5	0	9		
0	2	3	9			0	5	1	11	<0.5	

续表

各接种量阳性份数			MPN/100 mL	95%置信限		各接种量阳性份数			MPN/100 mL	95%置信限	
10 mL	1 mL	0.1 mL		下限	上限	10 mL	1 mL	0.1 mL		下限	上限
0	5	2	13	<0.5		2	0	1	7	1	17
0	5	3	15	<0.5		2	0	2	9	2	21
0	5	4	17	1		2	0	3	12	3	28
0	5	5	19			2	0	4	14		
1	0	0	2		7	2	0	5	16		
1	0	1	4	<0.5	11	2	1	0	7	1	17
1	0	2	6	<0.5	15	2	1	1	9	2	21
1	0	3	8	1	19	2	1	2	12	3	28
1	0	4	10			2	1	3	14		
1	0	5	12			2	1	4	17		
1	1	0	4	<0.5	11	2	1	5	19		
1	1	1	6	<0.5	15	2	2	0	9	2	21
1	1	2	8	1	19	2	2	0	12	3	28
1	1	3	10			2	2	1	14	4	34
1	1	4	12			2	2	2	17		
1	1	5	14			2	2	3	19		
1	2	0	6	<0.5	15	2	2	4	22		
1	2	1	8	1	19	2	2	5	12	3	28
1	2	2	10	2	23	2	3	0	14	4	34
1	2	3	12			2	3	1	17		
1	2	4	15			2	3	2	20		
1	2	5	17			2	3	3	22		
1	3	0	8	1	19	2	3	4	25		
1	3	1	10	2	23	2	3	5	15	4	37
1	3	2	12			2	4	0	17		
1	3	3	15			2	4	1	20		
1	3	4	17			2	4	2	23		
1	3	5	19			2	4	3	25		
1	4	0	11	2	25	2	4	4	28		
1	4	1	13			2	4	5	17		
1	4	2	15			2	5	0	20		
1	4	3	17			2	5	1	23		
1	4	4	19			2	5	3	26		
1	4	5	22			2	5	4	29		
1	5	0	13			2	5	5	32		
1	5	1	15			3	0	0	8	1	19
1	5	2	17			3	0	1	11	2	25
1	5	3	19			3	0	2	13	3	31
1	5	4	22			3	0	3	16		
1	5	5	24			3	0	4	20		
2	0	0	5	<0.5	13	3	0	5	23		

续表

各接种量阳性份数			MPN/100 mL	95%置信限		各接种量阳性份数			MPN/100 mL	95%置信限	
10 mL	1 mL	0.1 mL		下限	上限	10 mL	1 mL	0.1 mL		下限	上限
3	1	0	11	2	25	4	1	5	42		
3	1	1	14	7	34	4	2	0	22	7	67
3	1	2	17	5	46	4		1	26	8	78
3	1	3	20	6	60	4	2	2	32	11	91
3	1	4	23			4	2	3	38		
3	1	5	27			4	2	4	44		
3	2	0	14	4	34	4	2	5	50		
3	2	1	17	5	46	4	3	0	27	9	80
3	2	2	20	6	60	4	3	1	33	11	93
3	2	3	24			4	3	2	39	13	110
3	2	4	27			4	3	3	45		
3	2	5	31			4	3	4	52		
3	3	0	17	5	46	4	3	5	59		
3	3	1	21	7	63	4	3	0	34	12	93
3	3	2	24			4	4	1	40	14	110
3	3	3	28			4	4	2	47		
3	3	4	32			4	4	3	54		
3	3	5	36			4	4	4	62		
3	4	0	21	7	63	4	4	5	69		
3	4	1	24	8	72	4	5	0	41	16	120
3	4	2	28			4	5	1	48		
3	4	3	32			4	5	2	56		
3	4	4	36			4	5	3	64		
3	4	5	40			4	5	4	72		
3	5	0	25	8	75	4	5	5	81		
3	0	1	29			5	0	0	23	7	70
3	0	2	32			5	0	1	31	11	89
3	0	3	37			5	0	2	43	15	110
3	0	4	41			5	0	3	58	19	140
3	0	5	45			5	0	4	76	24	180
4	0	0	13	3	31	5	0	5	95		
4	0	1	17	5	46	5	1	0	33	11	93
4	0	2	21	7	63	5	1	1	43	16	120
4	0	3	25	8	75	5	1	2	63	21	150
4	0	4	60			5	1	3	84	26	200
4	0	5	36			5	1	4	110		
4	1	0	17	5	46	5	1	5	130		
4	1	1	21	7	63	5	2	0	49	17	130
4	1	2	26	9	78	5	2	1	70	23	170
4	1	3	31			5	2	2	94	28	220
4	1	4	36			5	2	3	120	33	280

各接种量阳性份数			MPN/100 mL	95%置信限		各接种量阳性份数			MPN/100 mL	95%置信限	
10 mL	1 mL	0.1 mL		下限	上限	10 mL	1 mL	0.1 mL		下限	上限
5	2	4	150	38	370	5	4	2	220	57	700
5	2	5	180	44	520	5	4	3	280	90	850
5	3	0	79	25	190	5	4	4	350	120	1000
5	3	1	110	31	250	5	4	5	430	150	1200
5	3	2	140	37	340	5	5	0	240	68	750
5	3	3	180	44	500	5	5	1	350	120	1000
5	3	4	210	53	670	5	5	2	540	180	1400
5	3	5	250	77	790	5	5	3	920	300	3200
5	4	0	130	35	300	5	5	4	1600	640	5800
5	4	1	170	43	490	5	5	5	≥2400	800	

注：接种 5 份 10 mL 样品、5 份 1 mL 样品、5 份 0.1 mL 样品。

如果有超过 3 个的稀释度用于检验,在一系列的十进稀释中,计算 MPN 时,只需要用其中依次 3 个的稀释度,取其阳性组合。选择的标准是:先选出 5 支试管全部为阳性的最大稀释度(小于它的稀释度也全部为阳性试管),再加上依次相连的 2 个更高的稀释度。用这 3 个稀释度的结果数据来计算 MPN 值。

六、注意事项

(1) 配制好的培养基放置于冰箱中保存,在 2~8℃下,密封、避光保存(通常情况下,瓶装及试管装培养基不超过 3~6 个月)。配制好的培养基要避免杂菌侵入和水分蒸发,当培养基颜色变化或体积发生明显变化时,废弃重制或者另购。

(2) 实验中所用玻璃器皿及采样器具,在开展实验操作前,均需要按无菌操作要求包扎,于 121℃在高压蒸汽灭菌器中灭菌 20 min,备用。

七、讨论与思考

(1) 如何采集不同的目标水体的水样,使样品具有代表性且保证测定结果?

(2) 影响多管发酵法测定不同水体样品中粪大肠菌群数的因素有哪些?如何避免或者弱化干扰?

从物理角度来定义噪声,指的是不同来源的多种无规则的机械波。如果从人的感受来说,噪声是一类引起人烦躁,或者音量过强而危害人体健康的声音,即使是特定场合下欣赏的各种乐声音量过强依然会危害人体健康。噪声不仅会影响听力,而且还对人的心血管系统、神经系统、内分泌系统产生不利影响,所以有人称噪声为"致人死命的慢性毒药"。从环境保护的角度看,凡是影响人们正常学习、工作和休息的,在某些场合"不需要的声音",都统称为噪声。工农业生产过程中的机器运转声,道路环境中各种交通工具的鸣笛声,日常社会活动中的人的嘈杂声及各种突发的声响等,均可归属到噪声的范畴中。

工业生产、交通运输、城市建筑的快速发展和社会化进程的加快拓展,人口密度的增加,家庭生活中的多种家电或者设施的增加,都使环境噪声日益严重,它已成为污染人类社会环境的一大公害。城市环境中的噪声控制,必须考虑噪声源、传噪声途径、受噪声者所组成的整个系统。城市环境噪声监测,就是开展对包括城市区域环境噪声、城市交通噪声、功能区噪声和城市环境中扰民噪声等在内的各类噪声调查测试。

一、实验目的

(1) 掌握环境噪声监测仪器的基本使用方法。
(2) 掌握不同目标环境中噪声监测位点的布设原则和具体要求。

二、实验原理

以城市环境中的交通道路噪声、工业企业周边环境噪声、科教文卫等不同社会功能单位区域环境噪声的监测,按照噪声环境监测点位的布置规则和要求确定噪声监测的具体位置。利用声级计或者其他的自动化噪声监测设备,对具体环境对象开展有针对性的点位噪声监测,通过比对目标环境对应的环境噪声排放标准,分析并评价噪声污染状况和目标环境质量。

三、实验器材

测量仪器为积分平均声级计或环境噪声自动监测仪。测量 35 dB 以下的噪声应使用 1 型声级计,且测量范围应满足所测量噪声的需要。

测量仪器和校准仪器应定期检定合格,并在有效使用期限内使用;每次测量前后必须在测量现场进行声学校准,前后校准示值偏差不得大于 0.5 dB,否则测量结果无效。测量时传声器加装防风罩。测量仪器时间计权特性设为 F 挡,采样时间间隔不大于 1 s。

四、测点设置与条件要求

1. 监测点位的布设原则

1) 社会生活环境噪声监测点位的布设

(1) 布设原则:根据社会生活噪声排放源、周围噪声敏感建筑物的布局以及毗邻的区域类别,在社会生活噪声排放源边界布设多个测点,其中包括距噪声敏感建筑物较近以及受被测声源影响大的位置。

(2) 布设要求：一般情况下，测点选在社会生活噪声排放源边界外 1 m、高度 1.2 m 以上、距任一反射面距离不小于 1 m 的位置。

① 当边界有围墙且周围有受影响的噪声敏感建筑物时，测点应选在边界外 1 m、高于围墙 0.5 m 以上的位置。

② 当边界无法测量到声源的实际排放状况时（如声源位于高空、边界设有声屏障等），应按前述的"一般情况下"要求设置测点，同时在受影响的噪声敏感建筑物户外 1 m 处另设测点。

③ 测量室内噪声时，室内测量点位设在距任一反射面至少 0.5 m 以上、距地面 1.2 m 高度处，在受噪声影响方向的窗户开启状态下测量。

④ 社会生活噪声排放源的固定设备结构传声至噪声敏感建筑物室内，在噪声敏感建筑物室内测量时，测点应距任一反射面至少 0.5 m 以上、距地面 1.2 m、距外窗 1.2 m 以上，窗户关闭状态下测量。被测房间内的其他可能干扰测量的声源（如电视机、空调机、排气扇以及镇流器较响的日光灯、运转时出声的时钟等）应关闭。

2）交通道路环境噪声监测点位的布设

(1) 布设原则：能反映城市建成区内各类道路（城市快速路、城市主干路、城市次干路、含轨道交通走廊的道路及穿过城市的高速公路等）交通噪声排放特征。能反映不同道路特点（考虑车辆类型、车流量、车辆速度、路面结构、道路宽度、敏感建筑物分布等）交通噪声排放特征。一个测点可代表一条或多条相近的道路。根据各类道路的路长比例分配点位数量。

(2) 布设要求：测点选在路段两路口之间，距任一路口的距离大于 50 m，路段不足 100 m 的选路段中点，测点位于人行道上距路面（含慢车道）20 cm 处，监测点位高度距地面为 1.2～6.0 m。测点应避开非道路交通源的干扰，传声器指向被测声源。

3）工业企业厂界环境噪声监测点位的布设

(1) 布设原则：根据工业企业声源、周围噪声敏感建筑物的布局以及毗邻的区域类别，在工业企业厂界布设多个测点，其中包括距噪声敏感建筑物较近以及受被测声源影响大的位置。

(2) 布设要求：一般情况下，测点选在社会生活噪声排放源边界外 1 m、高度 1.2 m 以上、距任一反射面距离不小于 1 m 的位置。

① 当厂界有围墙且周围有受影响的噪声敏感建筑物时，测点应选在厂界外 1 m、高于围墙 0.5 m 以上的位置。

② 当厂界无法测量到声源的实际排放状况时（如声源位于高空、厂界设有声屏障等），应按"一般情况下"的要求设置测点，同时在受影响的噪声敏感建筑物户外 1 m 处另设测点。

③ 测量室内噪声时，室内测量点位设在距任一反射面至少 0.5 m 以上、距地面 1.2 m 高度处，在受噪声影响方向的窗户开启状态下测量。

④ 固定设备结构传声至噪声敏感建筑物室内，在噪声敏感建筑物室内测量时，测点应距任一反射面至少 0.5 m 以上、距地面 1.2 m、距外窗 1 m 以上，窗户关闭状态下测量。被测房间内的其他可能干扰测量的声源（如电视机、空调机、排气扇以及镇流器较响的日光灯、运转时出声的时钟等）应关闭。

2. 噪声监测要求

（1）气象条件：测量应在无雨雪、无雷电天气、风速为 5 m/s 以下时进行。不得不在特殊气象条件下测量时，应采取必要措施保证测量准确性，同时注明当时所采取的措施及气象情况。

（2）测量工况：测量应在被测声源正常工作时间进行，同时注明当时的工况。

（3）测定时段：分别在昼间、夜间两个时段测量。夜间有频发、偶发噪声影响时同时测量最大声级。被测声源是稳态噪声，采用 1 min 的等效声级。被测声源是非稳态噪声，测量被测声源有代表性时段的等效声级，必要时测量被测声源整个正常工作时段的等效声级。

五、结果记录与分析

噪声测量所得结果及其相关环境信息需要详细记录。记录内容应主要包括被测量单位名称、地址、边界所处声环境功能区类别、测量时气象条件、测量仪器、校准仪器、测点位置、测量时间、测量时段、仪器校准值（测前、测后）、主要声源、测量工况、示意图（边界、声源、噪声敏感建筑物、测点等位置）、噪声测量值、背景值、测量人员、校对人、审核人等相关信息。

（1）当噪声测量值与背景噪声值相差大于 10 dB(A) 时，噪声测量值不做修正。噪声测量值与背景噪声值相差在 3～10 dB(A) 时，噪声测量值与背景噪声值的差值取整后，按照既有的规则进行修正表 32-1。

表 32-1　噪声测量结果的修正

测量值—背景值/ dB	3	4～5	6～10
修正值/dB	−3	−2	−1

噪声测量值与背景噪声值相差小于 3 dB(A) 时，应采取措施降低背景噪声后，再按照结果修正规则进行测量数值的修正。

（2）各个测点的测量结果应单独评价。同一测点每天的测量结果按昼、夜进行评价。利用最大声级 L_{max} 直接评价。

六、注意事项

（1）噪声测量仪器在每次测量前后应在现场用声校准器进行声校准，其前后校准示值偏差不应大于 0.5 dB，否则测量无效。测量需使用延伸电缆时，应将测量仪器与延伸电缆一起进行校准。

（2）不应有目的性地降低测量值而人为随意选择测量点位。

（3）城市声环境常规监测应在规定时间内进行，不得挑选监测时间或随意按暂停键。在区域监测和功能区监测过程中，凡是自然社会可能出现的声音（如叫卖声、说话声、小孩哭声、鸣笛声等），均不应予以排除。

七、讨论与思考

（1）影响目标环境中噪声监测的主要因素有哪些？如何弱化或者消除干扰？

（2）对不同目标环境的噪声状况进行监测评价的过程中，如何确保监测结果与评价的代表性和典型性？

实验三十三　地表水中叶绿素 a 的测定

叶绿素 a 广泛存在于植物体内,能够从自然光中吸收能量,在植物体内合成碳水化合物,并将能量储存于其中。对于地表水环境而言,叶绿素 a 是一种包含在浮游植物中的重要色素。在浮游植物中,叶绿素 a 占其干重的 $1\%\sim2\%$。叶绿素 a 是水体的初级生产力,当水体中营养性元素或者物质超出水体环境标准限值以及水体自身代谢净化负荷的时候,会造成水体中以蓝藻为代表的浮游植物的爆发式繁殖和增长。藻类的爆发会导致水体中溶解氧的大量消耗,继而引起水体质量下降、水生物大量死亡和水生态环境恶化。因此,水体中叶绿素 a 是估算水体中浮游植物浓度的重要指标,更是淡水环境发生水华、近海沿岸发生赤潮时的必测项目。因此,水体中叶绿素 a 的测定,有助于了解目标水体的生产力情况以及水体环境的富营养化水平。

一、实验目的

(1) 掌握分光光度法测定地表水体中叶绿素 a 的原理和操作流程步骤。

(2) 熟悉影响叶绿素 a 测定误差的影响因素,掌握消除和避免干扰的方式手段。

二、实验原理

水中叶绿素 a 的测定主要有分光光度法和黑白瓶测氧法。本次实验采用分光光度法测定地表水体中叶绿素 a 的含量。即用砂芯过滤器过滤一定体积的水样,将水样中的藻类过滤截留在滤膜上。在丙酮溶液中,用研钵将藻类细胞研磨粉碎,用丙酮溶液提取破碎细胞中的叶绿素 a。用离心机分离细胞残体和提取液,然后将离心后的上清液针式过滤。分别在 630 nm、647 nm、664 nm、750 nm 波长处测定提取液中叶绿素 a 的吸光度,然后根据公式计算得到目标水体中叶绿素 a 的实际含量。

三、实验器材与试剂

1. 主要器材

(1) 分析天平。

(2) 棕色采样瓶:1 L。

(3) 砂芯抽滤器。

(4) 台式水循环真空泵。

(5) 可见光分光光度计(10 mm 光程比色皿)。

(6) 针式过滤器:0.45 μm 聚四氟乙烯(PTFE)滤头。

(7) 玻璃刻度离心管:10 mL。

(8) 玛瑙研钵。

(9) 水平转子离心机。

(10) 有机玻璃采水器。

(11) 容量瓶:100 mL、1000 mL。

(12) 移液管:2 mL、5 mL。

（13）滴管。

（14）定量滤纸。

2. 主要试剂

除非另有说明，实验中所用试剂均为分析纯，操作过程中所用水均为新制备的去离子水。

（1）丙酮溶液（体积比 1∶9）：移取 900 mL 丙酮，转移到 1000 mL 的容量瓶中，用水稀释、定容至标线，保存备用。

（2）碳酸镁悬浊液：准确称取 1 g 碳酸镁，溶解于适量水中，转移至 100 mL 容量瓶中，摇动均匀成悬浊液，该溶液在使用前需摇动均匀。

（3）玻璃纤维滤膜：直径 47 mm，孔径 $0.45 \sim 0.70\ \mu m$。

四、实验步骤

1. 样品的采集与保存

（1）目标水体样品一般采集水面以下 0.5 m 的水样。对于湖泊、水库以及其他较深的坑塘沟渠等地表水体，可以采集混合水样。如果目标水体存在分层现象，则需要分层采集水体样品。一般采集 $500 \sim 1000$ mL 水样，或者根据实验的综合需求量采集。

如果采集的水样中含有泥沙等沉降性固体物，应当将水样摇动均匀后，转移到 2 L 量筒中，避光处静置 30 min，然后移取液面下 5 cm 的水样，置于采样瓶中。采集所得水样，每升加入 1 mL 的碳酸镁悬浊液，用以防止酸化导致色素溶解。

（2）现场采集得到的水样，应当在 $0 \sim 4$℃条件下，密封、避光、冷藏保存及运输，需在 24 h 内送至实验室过滤预处理，尽快完成检测。

如果来不及送抵实验室检测，则应当现场过滤水样，将滤膜避光冷冻保存并运输。水样滤膜在运输及保存过程中，一般需置于 -20℃条件下，密封、避光、冷冻保存，并在 2 周内完成检测工作。

2. 试样的制备

（1）水样的过滤。

根据水体的营养状态确定水样的取样体积（贫营养化水体 $500 \sim 1000$ mL，中度以上富营养化水体 $100 \sim 200$ mL）。移取一定体积的水样，利用砂芯过滤器过滤（控制过滤负压不大于 50 kPa），用适量去离子水冲洗砂芯过滤器上的水样杯内壁。当水样刚刚完全通过砂芯过滤器滤膜时完成抽滤，打开夹子，用镊子取出水样杯下的滤膜，将有样品的一面对折，用滤纸从背面吸干滤膜上的水分。

（2）滤出物的研磨。

将过滤水样的滤膜置于玛瑙研钵中，移取 $3 \sim 4$ mL 丙酮溶液，置于研钵中，研磨时间大于 5 min，将滤出物研磨呈糊状。重复添加丙酮溶液、研磨操作 $1 \sim 2$ 次。

将完全研磨破碎后的细胞提取液转移至 10 mL 的玻璃刻度离心管中，用适量丙酮溶液冲洗研钵及研磨杵，将洗液一并收集到离心管中，用丙酮溶液稀释、定容至标线。

（3）目标物的提取。

将玻璃离心管中的提取液充分振荡后摇动均匀，用铝箔纸包好，在 4℃条件下，避光、浸泡、提取 $2 \sim 24$ h（根据实际含量确定提取时间）。浸泡提取过程中，需要将溶液颠倒摇动 $2 \sim 3$ 次。

（4）离心。

将离心管置于离心机中，在 3000～4000 r/min 转速下，离心 10 min，也根据溶液的离心结果适当调整离心速度和离心时长。

将离心管中的上清液转移至针式过滤器中，从而得到溶解有叶绿素 a 的丙酮提取液，待测。

另外，用去离子水作为空白参比溶液，用与水样相同的过滤—研磨—提取—离心等流程步骤，制备得到空白试样，待测。

3. 试样的测定

以丙酮溶液（体积比 1∶9）作为参比溶液，分别在 750 nm、664 nm、647 nm、630 nm 波长处，用 10 mm 光程比色皿，利用可见光分光光度计测定试样溶液的吸光度。

在相同的实验步骤和操作方式下，完成空白试样溶液吸光度的测定。

五、实验结果分析

试样溶液中叶绿素 a 的浓度，可以按照下式计算得到，即

$$\rho_1 = 11.85 \times (A_{664} - A_{750}) - 1.54 \times (A_{647} - A_{750}) - 0.08 \times (A_{630} - A_{750})$$

式中：ρ_1——试样溶液中叶绿素 a 的质量浓度，mg/L；

A_{664}——试样溶液在波长 664 nm 处的吸光度值；

A_{647}——试样溶液在波长 647 nm 处的吸光度值；

A_{630}——试样溶液在波长 630 nm 处的吸光度值；

A_{750}——试样溶液在波长 750 nm 处的吸光度值。

水样中叶绿素 a 的浓度可以按照下式计算得到，即

$$\rho = \frac{\rho_1 \cdot V_1}{V}$$

式中：ρ——水样中叶绿素 a 的质量浓度，μg/L；

ρ_1——试样溶液中叶绿素 a 的质量浓度，mg/L；

V_1——试样溶液的定容体积，mL；

V——水样的取样体积，L。

实验测定所得的结果如果小于 100 μg/L，则结果数值保留至整数位。如果测定结果大于等于 100 μg/L，则结果数值保留 3 位有效数字。

六、注意事项

（1）在水样采集过程中，如果目标水体深度不足 0.5 mm，则在 1/2 水深处采集水样，但是需避免混入漂浮物等杂质。

（2）在水样过滤过程中，如果水体富营养化程度较深，影响滤膜的通透性而无法过滤，可以采用离心方式浓缩样品，并在操作过程中保证目标物的提取质量和效率不受影响。

（3）叶绿素对光及酸性物质敏感，因此应当在阴暗处进行研磨操作，或者尽量将实验室内光线调控微弱。另外，实验中所用器皿不能用酸液浸泡或者洗涤，以免影响测定结果。

（4）在试样吸光度的测定过程中，如果在 750 nm 波长处测定所得吸光度小于 0.005，则应当重新用针式过滤器过滤试样溶液，然后重新测定吸光度。

（5）实验中所用丙酮及其溶液对人体健康有危害，因此溶液配制及研磨操作等环节需

要在通风橱内进行。同时做好个人防护,规范操作,避免皮肤直接接触或者入口,确保安全。

另外,实验中产生的丙酮有机废液不能随意处理甚至倾倒,应当集中收集规范处置。

七、讨论与思考

（1）在实验过程中,影响叶绿素 a 提取质量和效率的主要因素有哪些？ 如何确保提取效果？

（2）叶绿素 a 与水体质量环境有哪些关联？ 如何看待叶绿素 a 的环境学意义？

实验三十四　五日生化需氧量的测定

生化需氧量(biochemical oxygen demand,BOD)或五日生化需氧量(BOD$_5$),表示水中有机物等需氧污染物质含量的一个综合表征。BOD 的存在说明被监测目标水体中的有机物由于微生物的生化代谢作用而进行氧化分解,使之发生无机化或气体化,从而消耗水中的溶解氧。BOD 的单位 mg/L。水中 BOD 数值越高,说明水中有机污染物质越多,水体的污染也就越严重。由于水中有机污染物成分复杂,不容易逐一测定。因此,通常利用水中有机物在一定条件下的耗氧量来间接地表征水体中污染物的含量。同时,水体中有机污染物生化分解代谢的速率较慢,通常需要几十天或上百天,因此会将水样在密闭状态置于特定条件下,进行定时长生化培养,通过培养前后溶解氧的消耗量确定水体中的生化需氧量。

一、实验目的

(1) 掌握稀释与接种法测定废水中 BOD$_5$ 的原理和流程步骤。

(2) 熟悉影响测定结果的因素以及消除干扰手段,回顾测定溶解氧的碘量法。

二、实验原理

生活污水和工业废水中 BOD$_5$ 的测定方法,主要包括稀释接种法、微生物传感器快速测定法、活性污泥曝气降解法。本次实验采用稀释接种法测定废水中 BOD$_5$ 含量,即在规定条件下,微生物分解水中的某些可氧化的物质,特别是分解有机物的生物化学过程消耗的溶解氧(DO)。生物氧化的全过程需要的时间一般都很长,在 20℃条件下培养时,完成全过程需要 100 多天。因此,通常情况下是将水样充满完全密闭的溶解氧瓶中,在(20±1)℃的暗处培养 5 d±4 h 或(2+5) d±4 h[即先在 0~4℃的暗处培养 2 d,接着在(20±1)℃的暗处培养 5 d]。分别测定培养前后水样中 DO 浓度,由培养前后 DO 的浓度之差,计算每升水样消耗的 DO 量,以 BOD$_5$ 的形式表示。如果水样中有机物含量较多,BOD$_5$ 的质量浓度大于 6 mg/L,水样需经稀释后测定。对不含或含微生物少的工业废水,如酸性废水、碱性废水、高温废水、冷冻保存的废水或经过氯化处理等的废水,在测定 BOD$_5$ 时应进行接种,以引进能分解废水中有机物的微生物。当废水中存在难以被一般生活污水中的微生物以正常的速度降解的有机物或剧毒物质时,应将驯化后的微生物引入水样中进行接种。

三、实验器材与试剂

1. 主要器材

(1) 分析天平。

(2) 恒温培养箱:(20±1)℃。

(3) 溶氧仪。

(4) 曝气装置。

(5) 冰箱。

(6) 溶氧瓶:磨口塞,250~300 mL。

(7) 量筒:1~2 L,用于溶液稀释。

（8）虹吸管：用于分取水样或添加稀释水。

（9）容量瓶：100 mL、200 mL、1000 mL。

（10）移液管：1 mL、5 mL、10 mL。

（11）聚乙烯瓶：1000 mL。

（12）滴管。

2. 主要试剂

除非另有说明，实验中所用试剂均为分析纯，所用水均为新制备的去离子水。

（1）磷酸盐缓冲溶液：分别准确称取 8.5 g 磷酸二氢钾（KH_2PO_4）、21.8 g 磷酸氢二钾（K_2HPO_4）、33.4 g 七水合磷酸氢二钠（$Na_2HPO_4 \cdot 7H_2O$）、1.7 g 氯化铵（NH_4Cl），溶解于适量水中，转移至 1000 mL 容量瓶中，用水稀释、定容至标线，置于冰箱中，在 0～4℃ 下密封、避光、冷藏，可有效保存 6 个月，备用。该溶液的 pH 值应为 7.2。

（3）硫酸镁溶液（$MgSO_4$，11 g/L）：准确称取 22.5 g 七水合硫酸镁（$MgSO_4 \cdot 7H_2O$），溶解于适量水中，转移至 1000 mL 容量瓶中，用水稀释、定容至标线，置于冰箱中，在 0～4℃ 下密封、避光、冷藏，可有效保存 6 个月，备用。如果发现容量瓶中有沉淀或微生物应弃用，重新配制。

（4）氯化钙溶液（$CaCl_2$，27.6 g/L）：准确称取 27.6 g 无水氯化钙（$CaCl_2$）溶解于适量水中，转移至 1000 mL 容量瓶中，用水稀释、定容至标线，置于冰箱中，在 0～4℃ 下密封、避光、冷藏，可有效保存 6 个月，备用。如果发现容量瓶中有沉淀或微生物应弃用，重新配制。

（5）氯化铁溶液（$FeCl_3$，0.15 g/L）：准确称取 0.25 g 六水合氯化铁（$FeCl_3 \cdot 6H_2O$），溶解于适量水中，转移至 1000 mL 容量瓶中，用水稀释、定容至标线，置于冰箱中，在 0～4℃ 下密封、避光、冷藏，可有效保存 6 个月，备用。如果发现容量瓶中有沉淀或微生物应弃用，重新配制。

（6）盐酸溶液（0.5 mol/L）：移取 40 mL 浓盐酸，溶解于适量水中，转移至 1000 mL 容量瓶中，用水稀释、定容至标线，保存备用。

（7）氢氧化钠溶液（0.5 mol/L）：称取 20 g 氢氧化钠溶于适量水中，转移、稀释、定容于 1000 mL 容量瓶中，转移至聚乙烯瓶中，保存备用。

（8）亚硫酸钠溶液（Na_2SO_3，0.025 mol/L）：准确称取 1.575 g 亚硫酸钠（Na_2SO_3），溶解于适量水中，转移至 1000 mL 容量瓶中，用水稀释、定容至标线，保存备用。该溶液不稳定需现用现配。

（9）葡萄糖-谷氨酸标准溶液：分别称取 150 mg 葡萄糖（$C_6H_{12}O_6$，优级纯，130℃下干燥 1 h）和谷氨酸（$HOOC-CH_2-CH_2-CHNH_2-COOH$，优级纯，130℃下干燥 1 h）溶于适量水中，转移至 1000 mL 容量瓶中，用水稀释、定容至标线，保存备用。

该溶液中 BOD_5 为（210±20）mg/L，需现用现配。该溶液也可置于冰箱中，少量冷冻保存，融化后立刻使用。

（10）丙烯基硫脲硝化抑制剂（$C_4H_8N_2S$，1.0 g/L）：准确称取 0.2 g 丙烯基硫脲（$C_4H_8N_2S$），溶解于 200 mL 中，置于冰箱中，在 4℃ 下密封、避光、冷藏，可稳定有效保存 14 d，备用。

（11）乙酸溶液：体积比 1:1。

（12）碘化钾溶液（100 g/L）：称取 10 g 碘化钾，溶解于适量水中，转移至 100 mL 容量瓶中,用水稀释、定容至标线,保存备用。

(13)淀粉溶液(5 g/L):准确称取 0.5 g 淀粉,溶解于适量水中,转移至 100 mL 容量瓶中,用煮沸后的冷却水稀释、定容至标线,保存备用。

(14)稀释水:在 5~20 L 的玻璃瓶中加入一定量的水,控制水温在(20±1)℃,用曝气装置曝气不小于 1 h,使稀释水中的 DO 达到 8 mg/L 以上。

使用前,每升水中分别加入配制好的磷酸盐缓冲溶液、硫酸镁溶液、氯化钙溶液、氯化铁溶液各 1 mL,摇动均匀,在 20℃下保存备用。

在曝气的过程中应防止污染,特别是防止带入有机物、金属、氧化物或还原物。另外,稀释水中氧的质量浓度不能过饱和,使用前需开口静置 1 h,开口放置的稀释水溶液应在 24 h内使用,实验剩余的稀释水弃用。

(15)接种水溶液:下列水溶液可以选取一种使用。

① 未受工业废水污染的生活污水:COD 不大于 300 mg/L,TOC 不大于 100 mg/L。

② 含有城镇污水的河水或湖水。

③ 污水处理厂出水。

④ 分析含有难降解物质的工业废水时,在其排污口下游适当处取水样作为废水的驯化接种液。或者取中和或经适当稀释后的废水进行连续曝气,每天加入少量该种废水,同时加入少量生活污水,使适应该种废水的微生物大量繁殖。

当水中出现大量的絮状物时,表明微生物已繁殖,可用作接种液。一般驯化过程用时3~8 d。

(16)接种稀释水:分别移取适量接种水溶液,加入每升稀释水中,其中,城市生活污水和污水处理厂出水加 1~10 mL,河水或湖水加 10~100 mL。

将接种稀释水存放于(20±1)℃环境中,该接种的稀释水 pH 值应为 7.2,BOD_5 小于1.5 mg/L。该接种稀释水需当天配制当天使用。

四、实验步骤

1. 样品的采集与保存

从目标水体中采集不小于 1 L 的水样,充满并密封于棕色玻璃瓶中,在 0~4℃下,密封、避光保存运输,送达实验室后,在 24 h 内尽快完成分析检测。

如果来不及测试,可将水样置于冰箱中冷冻保存(避免样品瓶冻裂)。水样分析前,完成解冻、均质化、接种等处理操作。

2. 水样的预处理

1)pH 值调节

水样或稀释后的水样,pH 值不为 6~8 时,应用 0.5 mol/L 的盐酸溶液或氢氧化钠溶液调节水样 pH 值至 6~8。

2)余氯和结合氯的去除

如果水样中含有少量的余氯,一般在采样后放置 1~2 h。

短时间内不能消失的余氯,可向水样中加入适量亚硫酸钠溶液。亚硫酸钠溶液的加入量可以通过下述方法确定。

(1)取中和 pH 的水样 100 mL,分别加入 10 mL 乙酸溶液(体积比 1∶1)、1 mL 碘化钾溶液(100 g/L),摇动均匀,暗处静置 5 min。

（2）用亚硫酸钠溶液滴定析出的游离态碘，至溶液呈淡黄色。然后加入 1 mL 淀粉溶液（5 g/L）使水样呈蓝色，继续用亚硫酸钠溶液滴定至蓝色刚好褪去，作为滴定终点。

（3）记录亚硫酸钠溶液的消耗量，根据亚硫酸钠溶液体积计算水样中应加的亚硫酸钠溶液体积。

3）样品均质化

对于含有大量颗粒物、需要高倍数稀释的样品或冷冻保存的水样，测定前均需将样品搅拌均匀。

4）水样中藻类的去除

如果水样中含有大量藻类，会使得 BOD_5 的测定结果偏高。

当分析结果精度要求较高时，测定前应将水样过滤。通常使用的滤膜滤孔 1.6 μm，报告结果中注明滤膜滤孔尺寸。

5）含盐量低的样品

如果非稀释水样中含盐量过低，溶液电导率小于 125 μS/cm 时，需加入适量相同体积的 4 种盐溶液（磷酸盐缓冲溶液、硫酸镁溶液、氯化钙溶液、氯化铁溶液），使水样电导率大于 125 μS/cm。

每升水样中需加入各种盐溶液的最小体积，可以通过下式计算得到，即

$$V = (\Delta K - 12.8)/113.6$$

式中：V——需分别加入的 4 种盐的体积，mL；

ΔK——水样需要提高的电导率值，μS/cm。

6）铜、铅、锌、镉、砷和氰化物的去除

如果水样中含有铜、铅、锌、铬、镉、砷和氰化物时，可使用经过驯化的微生物接种液的稀释水进行稀释，或者扩大水样的稀释倍数，以降低有毒物质的浓度。

3．试样的制备与测定

目标水体中采集的水样，可根据其中有机物的多寡、BOD_5 浓度的高低、微生物的多少，选择采用稀释或者非稀释的方式处理。

1）非稀释水样的测定

如果水样中有机物含量少，BOD_5 浓度小于 6 mg/L，均可以采用非稀释的方式处理。不过，对于非稀释水样而言，微生物数量足够的，可以采用非稀释法直接测定；对于微生物数量不足的，可以采用非稀释接种法测定，这主要针对的是酸性废水、碱性废水、高温废水、冷冻保存的废水或经过氯化处理的废水。

（1）试样的制备

① 待测试样的制备

测定前，水样的温度达到（20±2）℃，如果水样中 DO 浓度低，需曝气 15 min，充分摇动样品瓶赶走残留的气泡。

如果样品中 DO 过饱和，则将样品瓶 2/3 体积充满样品，用力振荡赶出过饱和氧，然后根据水样中微生物含量确定测定方法。

非稀释法可直接取样测定。非稀释接种法需向每升水样中加入适量的接种液，然后

待测。

若水样中含有硝化细菌,有可能发生硝化反应,则需向每升水样中加入 2 mL 丙烯基硫脲硝化抑制剂(1.0 g/L)。

②空白试样的制备

向每升稀释水中加入与水样相同量的接种液作为空白试样,需要时每升水样中加入 2 mL 丙烯基硫脲硝化抑制剂。

(2)试样的测定

试样中 DO 浓度的测定,采用碘量法或电化学探头法,可根据实验情况选择。

①碘量法测 DO 浓度

将试样充满 2 个 DO 瓶,使试样少量溢出,防止其中的 DO 浓度改变,排出瓶中存在的气泡。

其中一瓶塞好瓶塞,加上水封,瓶外罩上密封罩,防止培养期间水封的水蒸发干。将该 DO 瓶置于恒温培养箱中,培养 5 d±4 h。测定试样中 DO 浓度。

另一瓶则在 15 min 后,直接测定试样中 DO 浓度。

②电化学探头法测 DO 浓度

将一个 DO 瓶充满试样,使试样少量溢出,防止其中的 DO 浓度改变,排出瓶中存在的气泡。测定培养前试样中的 DO 浓度。

之后,塞好瓶塞,防止试样中残留气泡,加上水封,瓶外罩上密封罩,防止培养期间水封水蒸发干。

将 DO 瓶放入恒温培养箱中,培养 5 d±4 h 后,测定试样中 DO 浓度。

非稀释水样对应的空白试样,采用选定的一个相同方法测定 DO 浓度即可。

2)需稀释水样的测定

与非稀释水样相对应,如果水样中有机物含量较多,BOD_5 浓度大于 6 mg/L,均可以采用稀释的方式处理。不过,对于稀释水样来说,当微生物数量足够多时,可以采用稀释法直接测定;当微生物数量不足时,则可以采用稀释接种法测定。

(1)待测试样的制备

使水样温度达到(20±2)℃,如水样中 DO 浓度低,则用曝气装置曝气 15 min,充分摇动赶走其中残留的气泡。

如果水样中 DO 过饱和,则将容器 2/3 体积充满样品,用力振荡赶出过饱和氧,然后根据其中微生物含量选择测定方法。

①水样的稀释

水样的稀释倍数,按照后续水样稀释倍数的确定步骤,结合表 34-1、表 34-2 中方法确定,然后用稀释水稀释。稀释接种法测定,用接种稀释水稀释水样。

表 34-1　BOD_5 与有机污染含量的比值

水样的类型	总有机碳 $R(BOD_5/TOC)$	高锰酸盐指数 $R(BOD_5/I_{Mn})$	化学需氧量 $R(BOD_5/COD_{Cr})$
未处理的废水	1.2~2.8	1.2~1.5	0.35~0.65
生化处理的废水	0.3~1.0	0.5~1.2	0.20~0.35

表 34-2　水样的稀释倍数

BOD$_5$ 的期望值/(mg/L)	稀释倍数	水样类型
6～12	2	河水,生物净化的城市污水
10～30	5	河水,生物净化的城市污水
20～60	10	生物净化的城市污水
40～120	20	澄清的城市污水或轻度污染的工业废水
100～300	50	轻度污染的工业废水或原城市污水
200～600	100	轻度污染的工业废水或原城市污水
400～1200	200	重度污染的工业废水或原城市污水
1000～3000	500	重度污染的工业废水
2000～6000	1000	重度污染的工业废水

如果水样中含有硝化细菌,则向每升水样培养液中加入 2 mL 丙烯基硫脲硝化抑制剂,用以防止硝化反应的发生。

② 稀释倍数的确定

水样稀释的程度应使消耗的 DO 浓度不小于 2 mg/L,培养后的水样中剩余的 DO 浓度不小于 2 mg/L,且水样中剩余的 DO 浓度为初始 DO 浓度的 1/3～2/3 为最佳。

稀释倍数可根据样品的总有机碳(TOC)、高锰酸盐指数(I_{Mn})或化学需氧量(COD_{Cr})的测定值,按照表 34-1 列出的 BOD$_5$ 与 TOC、I_{Mn} 或 COD_{Cr} 的比值 R 估计 BOD$_5$ 的期望值(R 与水样的类型有关),再根据表 34-2 确定稀释倍数。当不能准确地选择稀释倍数时,一个水样可做 2～3 个不同的稀释倍数。

根据表 34-1 中选择的 R 值,计算 BOD$_5$ 质量浓度的期望值,即

$$\rho = R \cdot Y$$

式中：ρ——BOD$_5$ 质量浓度的期望值,mg/L；

Y——TOC、I_{Mn} 或 COD_{Cr} 的值,mg/L。

根据 BOD$_5$ 的期望值,结合表 34-2 确定水样的稀释倍数。

按照确定的稀释倍数,将一定体积的水样(或处理后的水样)用虹吸管转移到已加了部分稀释水(或接种稀释水)的稀释用量筒中,加稀释水(或接种稀释水)至刻度,轻摇混合、避免残留气泡,待测。

如果水样稀释倍数大于 100 倍,可进行两步或多步稀释。

③ 空白试样的制备

稀释法测定：以稀释水作为空白试样,需要时向每升稀释水中加入 2 mL 丙烯基硫脲硝化抑制剂,用以抑制硝化反应。

稀释接种法测定：以接种稀释水作为空白试样,需要时向每升接种稀释水中加入 2 mL 丙烯基硫脲硝化抑制剂,用以抑制硝化反应。

(2) 试样的测定

稀释水样和对应空白试样中 DO 的浓度,同样选择碘量法或者电化学探头法测定。

五、实验结果分析

非稀释水样和稀释水样中 BOD$_5$ 浓度可以通过下述的方式计算得到。

1. 非稀释水样中 BOD_5 浓度的计算

（1）非稀释法

$$\rho = \rho_1 - \rho_2$$

式中：ρ——水样中 BOD_5 质量浓度，mg/L；

ρ_1——水样在培养前的 DO 质量浓度，mg/L；

ρ_2——水样在培养后的 DO 质量浓度，mg/L。

（2）非稀释接种法

$$\rho = (\rho_1 - \rho_2) - (\rho_3 - \rho_4)$$

式中：ρ——水样中 BOD_5 质量浓度，mg/L；

ρ_1——接种水样在培养前的 DO 质量浓度，mg/L；

ρ_2——接种水样在培养后的 DO 质量浓度，mg/L；

ρ_3——空白样在培养前的 DO 质量浓度，mg/L；

ρ_4——空白样在培养后的 DO 质量浓度，mg/L。

2. 稀释水样中 BOD_5 浓度的计算

$$\rho = \frac{(\rho_1 - \rho_2) - (\rho_3 - \rho_4)f_1}{f_2}$$

式中：ρ——稀释水样中 BOD_5 质量浓度，mg/L；

ρ_1——接种稀释水样在培养前的 DO 质量浓度，mg/L；

ρ_2——接种稀释水样在培养后的 DO 质量浓度，mg/L；

ρ_3——空白样在培养前的 DO 质量浓度，mg/L；

ρ_4——空白样在培养后的 DO 质量浓度，mg/L；

f_1——接种稀释水或稀释水在培养液中所占的比例；

f_2——原样品在培养液中所占的比例。

BOD_5 测定结果以氧的质量浓度（mg/L）表征。对于稀释接种法，如果有几个稀释倍数的结果满足要求，则取这些稀释倍数结果的平均值。结果小于 100 mg/L，保留 1 位小数；100～1000 mg/L，取整数位；大于 1000 mg/L，以科学计数法表示。结果中应注明：水样是否经过过滤、冷冻、均质化等处理。

六、注意事项

（1）每一批样品做 2 个分析空白试样，稀释法空白试样的测定结果不能超过 0.5 mg/L，非稀释接种法和稀释接种法空白试样的测定结果不能超过 1.5 mg/L，否则应检查可能的污染来源。

（2）如果水样中有微生物毒性物质，应配制几个不同稀释倍数的样品，选择与稀释倍数无关的结果，并取其平均值。水样的测定结果与稀释倍数的关系确定如下：当分析结果精度要求较高，或者水样中存在微生物毒性物质时，一个水样要做 2 个以上的不同稀释倍数。每个水样、每个稀释倍数均做平行双样，同时进行培养。

在水样培养过程中，测定每瓶水样 DO 的消耗量，并绘制氧消耗量与每一稀释倍数试样中原水样的体积曲线。如果所得曲线呈线性，则水样中不含有任何抑制微生物的物质，即水样的测定结果与稀释倍数无关。如果曲线仅在低浓度范围内呈线性，取线性范围内稀释比的试样测定结果，计算平均 BOD_5 值。

（3）每一批样品要求做一个标准样品,样品的配制方法如下：取 20 mL 葡萄糖-谷氨酸标准溶液于稀释容器中,用接种稀释水稀释至 1000 mL,测定 BOD_5,结果应为 $180\sim230$ mg/L,否则应检查接种液、稀释水的质量。

（4）实验中所用丙烯基硫脲有毒,应做好个人防护、规范操作,避免皮肤接触或入口,确保安全。相应溶液的配制应在通风橱内进行操作,实验后废液应集中收集、规范处置。

七、讨论与思考

（1）含有硝化细菌的废水,在进行待测水样制备过程中,为什么要加入硝化反应抑制剂?

（2）比较五日生化需氧量与化学需氧量的环境学意义有哪些相同点、区别点。

实验三十五 天然水体中浮游植物的测定

浮游生物泛指生活于水中而缺乏有效移动能力的漂流生物,又分为浮游植物及浮游动物,其中浮游植物指的是在水中浮游生活的微小植物。通常,浮游植物就是指浮游藻类,包括蓝藻门、绿藻门、硅藻门、金藻门、黄藻门、甲藻门、隐藻门和裸藻门8个门类。浮游植物是测量水质的指示生物,一片水域水质如何,与浮游植物的丰富程度和群落组成有着密不可分的关系,浮游植物的减少或过度繁殖都预示着目标水体质量有恶化趋向。例如,坑塘湖库中浮游植物数量的增加,特别是蓝藻的疯长和生长季节的延长,都是水体发生富营养化的一个重要标志。

一、实验目的

(1)掌握显微镜测定水中浮游植物的方法流程和分类制样步骤。

(2)熟悉显微镜工作方式,掌握显微镜观察样片计数的使用手法和要点。

二、实验原理

浮游生物体型细小,大多数用肉眼不可见。因此,需定性和定量采集一定量的样品,使样品通过一定孔径的滤膜,将水溶液过滤而将浮游植物截留在滤膜上。滤膜经透明处理后,在显微镜下镜检,分别确定目标水体中浮游植物的具体种类,以及具体种类所对应的单位体积数量,用以分析和评估水体环境质量和变化趋势。

三、实验器材与试剂

1. 主要器材

(1)分析天平。

(2)烘箱。

(3)25号浮游生物网:网孔直径0.064 mm,网呈圆锥形,网口套在铜环上,网底端有出水开关活塞。

(4)采样瓶:1～2 L,广口聚乙烯瓶。

(5)采水器:有机玻璃材质。

(6)冷藏箱。

(7)砂芯抽滤器:0.45 μm滤膜,混合纤维素酯材质。

(8)生物显微镜:物镜4×、10×、20×、40×,目镜10×或15×。

(9)载物台测微计。

(10)目镜分划板:边长7～10 mm的正方形大格,划分为100个相同的正方形中格,位于中央的1个中格进一步划分为25个相同的正方形小格。

(11)计数器。

(12)无齿组织镊子。

(13)移液管:1 mL、5 mL、10 mL。

(14)棕色容量瓶:1000 mL。

（15）量筒：100 mL。

（16）滴管。

（17）冰箱。

2. 主要试剂

除非另有说明，实验中所用试剂均为分析纯，操作中所用水均为新制备的去离子水。

（1）鲁哥氏碘液：分别称取 60 g 碘化钾、40 g 碘，溶解于 100 mL 水中，充分搅拌使其完全溶解，转移、稀释、定容于 1000 mL 棕色容量瓶中，摇动均匀，室温下密封、避光保存，备用。

（2）显微镜浸没油。

（3）滤膜：混合纤维素酯膜，直径 25 mm，孔径 0.45 μm。

四、实验步骤

1. 样品的采集与保存

（1）定性样品的采集

用 25 号浮游生物网，关闭网底端的出水活塞开关，在水面表层至 0.5 m 水深处，以 20～30 cm/s 的速度做"∞"形轨迹往复拖动。

缓慢拖动生物网 1～3 min，当网中明显有浮游植物进入后，将生物网提出水面，使水自然通过网孔滤出，待生物网底部剩 5～10 mL 水样，将生物网底端出口置于采样瓶中，打开活塞移出样品。当采集分层水体的样品时，用生物网过滤特定水层样品，操作步骤及方式与采集表层样品相同。

样品采集完成后，要及时将生物网清洗干净。将样品置于冷藏箱中，避光、冷藏，及时运回实验室测定。

（2）定性样品的保存

定性样品采集后，现场加入鲁哥试剂，用量为水样体积的 1%～1.5%。其中，镜检活体样品不加鲁哥试剂。定性样品在室温、避光条件下，可保存 3 周；冰箱中 1～5℃下，避光、密封、冷藏，可稳定保存 12 个月。冰箱中，4～10℃、避光、冷藏条件下，活体样品可保存 36 h。

（3）定量样品的采集

利用采水器采样 1～2 L，转移至定量采样瓶（广口聚乙烯瓶）中。如果浮游植物数量较少、水体透明度较高，则应适当增加采样体积。盛存水样的定量采样瓶（广口聚乙烯瓶）不应装满，便于摇匀水样。

（4）定量样品的保存

定量样品采集后，现场即加入鲁哥试剂，用量为水样体积的 1%～1.5%。也可将鲁哥试剂提前加入定量采样瓶中，在现场直接使用。定量样品在室温、避光条件下，可有效保存 3 周。在冰箱中，1～5℃、密封、避光、冷藏条件下，可有效保存 12 个月。

样品保存过程中，每周定时检查鲁哥试剂氧化程度，如果水样颜色变浅，应向瓶中补加适量鲁哥试剂，直到瓶内颜色恢复为黄褐色。

2. 试样的制备

（1）样品均质化

每次取样前，上下颠倒至少 30 次，将瓶内样品混合均匀，颠倒混匀动作要轻。

（2）水样过滤体积的确定

根据预检，估算浮游植物密度，调整样品过滤体积，使滤膜上有 $40 \sim 1.0 \times 10^5$ 个浮游植物细胞。不同预检估算密度水平下，样品过滤体积的推荐值可以参考表 35-1。

表 35-1　样品过滤的推荐体积

预估浮游植物细胞密度水平/(个/L)	推荐过滤体积 V_0/mL
$\geq 1.0 \times 10^8$	$0.5 \sim 2$
1.0×10^7	$5 \sim 10$
1.0×10^6	$5 \sim 25$
1.0×10^5	$10 \sim 50$
1.0×10^4	$5 \sim 100$
1.0×10^3	$50 \sim 200$
1.0×10^2	500
1.0×40	1000

注：样品过滤体积大于漏斗容量时，应保证后续样品的加入，不扰动滤膜上已有的浮游植物。样品过滤体积小于 5 mL 时，以去离子水再悬浮样品，即首先移取一定体积的样品，置于 10～50 mL 离心管中，加入一定体积的去离子水，使悬浮后样品体积大于 5 mL，然后用滴管滴加 2～3 滴鲁哥试剂。

（3）水样的过滤

量筒移取适量样品，转移至装有滤膜的真空砂芯抽滤器中，静置 2～3 min 后真空抽滤，当样品杯中剩 0.5 cm 液高时，关闭真空泵，使剩余水样在真空余压下完全滤过，滤膜切忌抽干。

（4）装片制备

样品过滤后，用无齿镊子取下滤膜，将截留浮游植物的一面向上，放在滴有 2 滴显微镜浸没油的载玻片上，用透明玻璃滴棒在滤膜上滴 2 滴显微镜浸没油，将载玻片放入载玻片晾片板中，在烘箱中(70±2)℃下烘干 2 h。

取出晾片板，观察滤膜是否透明。若透明，则在滤膜上滴加 2 滴显微镜浸没油，盖上盖玻片，装片制备完成。如果滤膜不透明，则延长加热时间且不超过 24 h。盖覆盖玻片时，避免扰动滤膜。

（5）测定前的预检

正式制样分析前，按照制样要求完成预检装片，初步判断浮游植物密度，便于后续分析。

3. 试样的分析

（1）定性样品分析

用显微镜观察定性样品，鉴定浮游植物种类。其中，优势种类鉴定到种，其他种类至少应鉴定到属。鉴定除用定性样品外，还可吸取已完成计数的定量样品观察。

（2）定量样品分析

① 显微镜标定。计数前标定显微镜，确定计数视野面积（Whipple 视野或目镜视场视野）。显微镜标定工具包括载物台测微计和惠普尔目镜分划板。

② 显微镜计数。不同密度水平样品推荐视野类别及计数视野数量可参考表 35-2。将装片置于显微镜载物台上，用 Whipple 视野或目镜视场视野进行镜检计数。较低密度水平样品计数，建议选择目镜视场视野计数。根据浮游植物细胞大小，选择目镜 10×、物镜

$20\times$,或者目镜 $10\times$、物镜 $40\times$ 放大倍数镜检,记录每个视野的浮游植物种类及数量。

表 35-2　不同密度水平样品推荐视野类别及计数视野数

样品	推荐计数视野类别	推荐计数视野数
高密度水平(10^7 个/L 及以上)	Whipple 视野	大于 10 个
中密度水平($10^6 \sim 10^7$ 个/L)	Whipple 视野	大于 20 个
低密度水平(10^6 个/L 及以下)	目镜视场视野	大于 20 个

Whipple 视野计数规则:视野中处于下边界及右边界线的藻类计入总数,处于上边界及左边界线的藻类不计入总数。若出现丝状体等较大个体显著穿过两个或多个格子的边界时,应在低倍镜下单独计数,再计入总数。破损细胞不计数。计数时宜缓慢移动显微镜载物台,应避免在一个区域重复抽样,确保滤膜上、下、左、右和中部区域的视野均有抽样。

五、实验结果分析

样品中浮游植物的细胞密度可以按照下式计算得到,即

$$N = \frac{A_f}{A_c} \times \frac{n}{V_0} \times 1000$$

式中:N——样品中浮游植物的细胞密度,个/L;

A_f——滤膜有效过滤面积,mm^2;

A_c——计数面积(镜检计数的视野面积之和),mm^2;

n——显微镜观察计数的浮游植物细胞数,个;

V_0——过滤样品的取样体积,mL。

测定结果以科学计数法表示,保留 2 位有效数字。

六、注意事项

(1)实验中所用的载玻片、盖玻片,使用前应先用浓盐酸和乙醇浸泡。或者根据实验条件,选购可直接使用的载玻片、盖玻片。

(2)蓝藻等浮游植物常上浮在水面上,或者成片、条带的分布,因此采样时可在水华密集区域采样作为峰值参考。另外,采集定量样品应在采集定性样品之前,每次采样应保持在固定时间段,使后续监测结果之间具有可比性。

(3)如果所采集的样品需长期(超过 1 年)保存,则应向样品溶液加入甲醛溶液(质量分数 $37\% \sim 40\%$),其用量为水样体积的 4%。

(4)实验中产生的废液应分类收集、集中保管,依法委托有资质的单位进行处理。

七、讨论与思考

(1)实验过程中,影响水中浮游植物观察计数准确性的因素有哪些?如何规避?

(2)显微镜的校准和使用,有哪些基本原则和操作使用要求?

Ⅴ 综合设计与实践练习

实验三十六 区域环境植物多样性调查

生物多样性是生物及其环境形成的生态复合体以及与此相关的各种生态过程的综合，包括动物、植物、微生物及其所拥有的基因，以及与其生存环境形成的复杂生态系统。其中，陆生环境的植物多样可以有效稳定水土，减少和避免土壤及其营养成分的流失。多样的陆地植物可以保障土壤肥力、防止和改善土地沙化与盐碱化。同时，多样的陆地植物可以调节和改善区域气候条件，减缓恶劣气候变化及其对人类生存生活的影响。除了不可替代的生态环境价值，植物多样性还为社会需求和经济发展持续提供原材料供给，满足并保证了人类社会的可持续。因此，生物多样性使地球充满生机，也是人类生存和发展的基础，保护生物多样性有助于维护地球家园，促进人类可持续发展。

一、实验目的

（1）熟悉区域陆地环境中植物多样调查工作开展的基本原则和要求。

（2）基本掌握调查目标区域植物多样性状况。

（3）掌握目标区域中植物多样性的测度方法。

二、调查原则和要求

通过信息资料的收集和整理，结合实地初步踏勘考察，选定一个范围适当、适合开展观测、工作条件能够满足调查需要的目标区域，初步具备一定丰富程度的草本、灌木和木本多种类陆地区域环境。

区域生物多样性的观测工作，要根据以下几个方面的主要原则，开展观测方案的制订、准备、实施和完成。

（1）科学性：观测目标区域和观测目标对象应当具有代表性，能够反映植物多样性的整体状况。相对应地，观测方法要统一、相对标准。

（2）可操作性：工作方案应当综合考虑目标区域的自然条件、社会因素和潜在可能状况，要充分考虑现有的人员、财力、装备、技术、保障等多项必备条件，要结合现有条件促使方案可行、可靠、保质、高效。

（3）持续性：在调查过程中，观测对象、方法、时间、频次，应当保证调查期间持续、统一。

（4）保护性：生物多样性的调查方式、技术、活动，不应对目标区域和区域内生物及其生存环境造成影响甚至改变。

（5）安全性：开展调查前，做好野外工作培训，制订安全预案；调查中，采取安全防范措施，保证工作安全进行。

三、调查内容和方法

（1）充分准备区域植被类型、地形图、气候资料等信息。根据调查任务明确人员责任，开展技能培训。结合方案内容，准备必要的采样器材、测量工具，以及野外活动所需的物质资料。根据野外活动需要，提前准备方案、预备相关保障措施和应急方法。

（2）根据调查方案确定的目标区域，其中，森林群落以草本、灌木、乔木作为观测对象，灌丛群落以灌木和草本植物作为观测对象，草地群落以草本植物作为观测对象。

（3）调查、整理调查区域的地形地貌、气候条件、土壤类型等目标环境信息。

（4）调查项目指标，乔木、灌木主要涉及植物种类、种群大小、生长状况、物种多样性、人为活动类型及干扰强度等；草本植物主要涉及种类、平均高度、物种多样性和人为活动及干扰强度等。

（5）调查工作设置在夏、秋季，在植物生长旺盛期进行，此时也便于野外活动的开展。

四、工作实施

调查工作的执行根据调查方案开展，根据现场实际优化调整实施次序和具体实践方式，并按照调查过程中的问题和环境实际，及时优化设计、调整现场工作安排。对于采集获得的样品以及需要进行处理的调查数据，可以在工作完成后，带回实验室再具体检测、整理和分析。

五、数据分析与编写报告

1. 数据分析

目标区域植物多样性的结果分析，对于物种数量、辛普森指数、香农-维纳指数、皮罗均匀度指数，分别根据下列方式计算得到。

（1）辛普森指数（D）的计算。

$$D = 1 - \sum P_i^2$$

（2）香农-维纳指数（H'）。

$$H' = -\sum P_i \times \ln P_i$$

（3）皮罗均匀度指数（J_{sw}）。

$$J_{sw} = -\sum P_i \times \ln P_i / \ln S \quad 或 \quad J_{sw} = 1 - \sum P_i^2 / (1 - 1/S)$$

式中：P_i——物种 i 的个体数占目标区域地块内总个体数的比例，$i = 1, 2, \cdots, S$；

S——物种的种类总数，个。

2. 调查报告的编写

报告的编写格式可以参考以下构成版块的设置，以及对应的参考内容编写，如封面、报告题目、调查单位、报告编写时间。报告目录可以根据具体内容设置 2～3 级标题。报告正文内容参考包括前言，目标区域概况，调查原则、目标、方法，调查实施，植物多样性组成、分布状况、动态特征、变化趋向、潜在风险，调查建议或对策，致谢，文献资料信息。

六、注意事项

（1）调查区域的选择要本着安全第一、方便可行、工作强度适中、有较大潜在调查价值和意义的原则设置。

（2）野外环境调查要团队协作、分工执行、责任明确，不能让调查工作流于形式，要本着认识环境、探索环境、实践理论、科学研究的意识参与工作。

（3）野外调查要做好工作方案，充分考虑潜在问题、可能情况，提前准备应急预案。工作当中既要实事求是也要因地制宜，努力保质保量完成调查。

七、总结与思考

（1）团队成员均要在调查后给出工作总结和优化建议，报告的撰写需团队分工合作完成。

（2）植物多样性的野外调查实践与日常的环境监测样品的采集有哪些不同？需要从哪些方面增强调查的科学性、完整性并提高调查的研究价值？

实验三十七　突发性水环境污染事故的应急监测设计

　　环境污染事故是在工业生产、存储转移,甚至生活活动中,由人为失误、管控失当,甚至是故意违反国家有关环境保护法律法规的行为,导致污染物排放严重超过国家规定的排放标准,使环境受到污染或破坏,从而影响人们的正常工作和生活,对国家财产和人民生命财产安全构成威胁的事实。突发性水环境污染事故,尤其是有毒有害化学品的泄漏,往往会对水生生态环境造成极大的破坏,并直接威胁人民群众的生命安全。因此,突发性环境污染事故的应急监测与环境质量监测和污染源监督监测具有同样的重要性,都是环境监测工作的重要组成部分。

一、应急监测的目的和原则

　　应急监测的主要目的是在已收集信息的基础上,迅速查明污染物的种类、污染程度和范围以及污染发展趋势,及时、准确地为决策部门提供处理处置的可靠依据。事故发生后,监测人员应携带必要的简易快速检测器材和采样器材及安全防护装备尽快赶赴现场。根据事故现场的具体情况立即布点采样,利用便携式监测设备等快速检测手段,鉴别、鉴定污染物的种类,并给出定量或半定量的监测结果。现场无法鉴定或测定的项目应立即将样品送回实验室进行分析。根据监测结果,确定污染程度和可能污染的范围并提出处理建议,及时上报有关部门。

二、样品的采集

　　突发性水环境污染事故应急监测的样品采集一般分为事故现场监测的样品采集和跟踪监测的样品采集两部分。

　　(1) 现场监测的样品采样。一般以事故发生地点及其附近为主,根据现场的具体情况和污染水体的特性布点采样并确定采样频次,包括:

　　① 对江河的监测应在事故地点及其下游布点采样,同时要在事故发生地点上游采集对照样品。

　　② 对湖(库)的采样点布设以事故发生地点为中心,按水流方向在一定间隔的扇形或圆形区域布点采样,同时采集对照样品,采样过程中要对现场进行录像和拍照。现场要采平行双样,一份在现场快速测定,一份送回实验室测定。

　　(2) 跟踪监测的样品采样。在事故发生后,往往要进行连续的跟踪监测,直至水体环境恢复正常,包括:

　　① 对江河污染的跟踪监测要根据污染物质的性质和数量及河流的水文要素等,沿河段设置数个采样断面,并在采样点设立明显标志。采样频次根据事故程度确定。

　　② 对湖、库污染的跟踪监测,应根据具体情况布点,但在出水口和饮用水取水口处必须设置采样点,同时要考虑不同水层采样,而且采样频次每天不得少于2次。

三、应急监测的方法

　　现场监测可使用水质检测管或便携式监测仪器等快速检测手段,鉴别鉴定污染物的种类并给出定量、半定量的测定数据。现场无法监测的项目和平行采集的样品,应尽快将样品送回实验室进行检测。跟踪监测一般可在采样后及时送回实验室进行分析。

四、工作报告编写

应急监测报告的编写,要根据现场监测结果和实验室分析结果编写,报告内容主要涉及:事故发生时间、地点,接到通知时间,到达现场时间;事故发生的性质、原因及伤亡损失;采样点位、监测频次、监测方法;污染物的种类、流失量、浓度及影响范围;污染物的有害特性及处理处置建议;现场图像资料;监测单位和人员信息等。

五、总结与思考

(1)污染事故现场监测方案的设计与水和废水日常监测方案的设计有哪些异同点?

(2)在不明确污染物类型、种类的情况下,如何设计监测方法从而快速地完成污染物的定性、定量分析?

实验三十八　污染土壤质量状况调查实践

污染土壤调查是为了掌握土壤污染状况而开展的调查活动。通过设计和执行监测调查方案,根据分析结果掌握土壤中所含污染物的种类、含量、空间分布,从而考察土壤中污染物对周边水、气环境的关联性影响,分析污染物对目标区域范围内植被、农作物的危害,对人体健康的损害和潜在威胁。调查结果可以为强化土壤环境管理、制定防治措施提供科学依据。

一、调查目的

（1）根据掌握的土壤环境监测知识制定合理的调查方案。

（2）掌握调查地块的污染状况,熟悉基本评估方法并撰写调查报告。

二、调查原则

开展污染地块土壤环境质量的调查,可以参考以下几个原则,有方向性地设计方案并在实际的实践过程中优化方案内容、调整方案实施。

（1）针对性:调查方案的制定要明确监测的对象用途(农业生产、工业建设、小区建设、一般土地等),方案要明确调查用途,即开展风险评估、治理监测、修复评价等。

（2）规范性:遵循土壤环境监测方案制定中的版块内容、流程设计的基本要求,规范地设计并开展布点、采样、监测、结果分析、质量保证、报告撰写。

（3）可行性:根据污染地块的监测目的和主要指标,合理地制定监测项目、方法、监测频次,并结合实验室的现有条件和设备选择合理的分析方法。

三、调查内容

（1）收集目标地块的自然-社会现状信息和既往污染信息,包括地块范围、地质条件、水文资料、气候状况、背景超标主要指标、土地利用状况、周边社会布局、人为活动影响,以及污染源、历史污染程度和修复治理情况等。

（2）实地踏勘目标地块现场,尽可能收集和补充相关信息,根据综合信息优化设计方案。在方案中除了重点设计土壤监测外,还要根据综合信息和现场实际判断并做出地块范围内及周边地表水、地下水及大气监测的方案。

（3）根据拟定的调查方案,开展样品的采集、分析主要设计指标,确定主要污染物。

（4）通过预分析结果,确定污染地块的主要污染物,结合实验室条件制定合理的分析方法,制订合理的样品采集和监测工作方案。

（5）总结调查工作全过程,根据实验监测结果撰写调查报告。

四、调查开展

根据设计方案执行实际工作,根据现场实际优化调整实施次序和具体实践方式,并按照调查过程中的问题和环境实际,及时优化、调整现场工作。对于采集收集的必要样品,需要处理的调查数据,可以在工作完成后带回实验室具体检测、整理、分析。

五、报告编写

调查报告内容可以包括:报告题目、监测范围、污染源调查与分析、监测对象、监测项目、监测频次、布点原则与方法、监测点位的设置、采样与分析方法、质量保证、质量评价标准与方法、监测数据汇总等。

六、注意事项

（1）污染土壤的实地勘察和监测活动，要根据现场污染或者施工等情况做好必要的安全防护，避免接触严重污染物质危害健康安全。

（2）调查实践工作团队协作、分工明确，分析监测过程要合理分配工作，提高整体实践活动的质量和效率。

七、总结与思考

（1）团队成员要熟悉并共同完成调查报告的撰写，并在工作结束后给出个人总结以及工作建议，为相关学习和后续实践积累经验。

（2）利用哪些标准对污染土壤环境质量做出合理的评价？

实验三十九　校园局地空气环境质量监测评价

一、实验目的

（1）通过校园内局地环境指标监测方案的制定和执行，熟练掌握大气监测点位的布设原则和要求。

（2）熟悉并掌握气体污染物和气溶胶的测定原理和方法步骤。

（3）进一步熟悉空气环境质量标准、空气质量指数和空气等级评价。

二、实验内容要点

以校园（食堂、锅炉房、主要道路口等）的局部区域为监测对象，结合实验室仪器和条件，以二氧化硫、氮氧化物、可吸入颗粒物、一氧化碳等作为监测指标，团队开展空气环境的短期监测。

根据监测实验结果，结合空气环境质量标准，分析实验期间具体区域的污染指标动态变化特征，对比不同区域的污染物是否有差异，说明功能区域性质对小范围环境质量的影响。

结合空气质量标准计算空气污染指数，得到动态变化结果，同时对比专业机构的日报结果，考察监测结果及其联系，综合评价校园内局地空气质量状况。

撰写校园空气质量短期监测评价报告，给出总结认识以及合理化建议。

三、工作内容与流程

（1）确定监测点位，结合实验条件确定具体监测指标，确定指标实验分析方法。

（2）练习实验仪器操作，回顾并熟练掌握各空气指标的监测分析方法。

（3）学习相关质量标准的检索方式和途径，掌握标准中不同等级下不同指标的等级数值及其含义，掌握空气质量指数的计算，根据标准能够给出等级评价。

（4）总结监测评价工作的全过程，撰写工作报告。

四、工作实施

根据监测工作方案开展实验，以团队为单位明确目标、分工协作，根据实际条件和环境状况，合理优化方案，调整监测点位、时间、频次、指标、方法等。

五、工作报告撰写

以团队为单位撰写监测与评估报告，列明监测时段、地点、仪器、指标、人员、天气状况、周围活动状况等基础信息；说明采样方式、方法，指标分析方法、仪器，所得结果及其质量保证，得到的污染物含量及动态变化特征、空气质量指数，结合标准给出空气质量状况评价结果，提出相关的结论或者建议。

六、总结与思考

（1）开展局地环境的污染物采集，工作过程中有哪些影响因素？应当注意避免什么？

（2）小范围的空气质量状况与大尺度范围下的空气质量状况有哪些联系和异同？

实验四十　坑塘中鱼类死亡原因的调查分析

　　鱼类对水环境的变化反应十分灵敏,当水体中的污染物达到一定浓度或强度时,就会引起鱼类的中毒反应。如果在坑塘湖库等水体中发生鱼类的大量死亡现象,排除自然因素外,说明目标水体受到了未知类型的污染,因此需要开展水体死鱼事件的调查,重点是要分析找出水体污染的原因,然后才能采取有针对性的措施,有的放矢地治理污染,消除危害。

一、实验目的
　　(1)掌握造成水体污染、致鱼死亡原因的判断方式和手段。
　　(2)练习针对造成死鱼的水体污染指标因素的分析测定方法选择与操作。

二、实验原理
　　地表水体中鱼类死亡的原因有很多,既有自然因素也有人为因素。如果水体中发生农药类污染,鱼类会出现麻痹症状,会有挣扎现象直至死亡,死鱼多有鳞片松散、鱼眼凸出、腮部充血等情形。如果有高有机污染物含量的废水流入,或者有还原性无机污染物的存在,则水中 DO 会显著下降,鱼会出现蹿出水面的现象,窒息的死鱼一般鱼鳃为暗褐色。如果是由于自然的水华造成,则鱼鳃中多有藻类堵塞。

三、实验内容
　　1. 初步调查
　　组织团队准备现场调查必需的器材和设备。现场记录当时的水体现状和周边环境特征。向提报人或者周边人员了解事件发生前后的天气变化、水体状况,周围的人员活动和异常感官等相关信息。
　　现场测定水体的 pH 值、DO、电导率、水温、色度、浊度、嗅味等指标。
　　采集水样、底泥、鱼样和浮游动物、浮游植物、水草、底栖生物等多种样品。
　　结合现场考察情况,根据需要判断空气样品和周边土壤样品采集的必要性。
　　2. 实验分析
　　根据初步预判的可能原因,开展鱼样中有机污染物、重金属元素为主要指标的定性和定量实验分析。

四、工作组织
　　以团队为单位,根据工作计划版块的组成,分组开展调查与实验分析。工作中要团队协作、分工负责,高效保质地组织和开展污染水体中的鱼类急性死亡事件原因的调查。

五、注意事项
　　(1)在现场调查和采样过程中,要注重安全保障,避免人身危险和健康威胁。
　　(2)环境污染现实事件的调查要同等地注重现场调查和社会信息收集。
　　(3)污染事件原因的调查和分析要注重工作效率,要注重团队合作对工作质量的保证。

六、讨论与思考
　　(1)在污染事件的调查分析中,如何使用或者选择空白对照样品?
　　(2)造成水体质量下降或者恶化,导致鱼类死亡的因素还有哪些?如何判断分析?

第三部分

实验结果数据的表达

一、实验结果数据的有效数字

实验分析测定样品所得监测指标结果,其数据的有效数字用于表示测得数字的有效意义。对于有效数字构成的测定数值,其倒数第二位以上的数字是确定或者可靠的,末位数字是不确定的或者可疑的。因此,对于实验所得数值的有效数字位数不能够随意增删。由此也说明,有效数字所构成和表征的结果数值是一个近似值,因此测定数值的分析计算应当遵从近似规则。

1. 测量数据的有效数字规则

实验数据中出现最多的是数字 0,当其用于表示数字的小数点位置的时候,表明 0 与测量操作的准确度无关时,0 不是有效数字。但是,当其用于表示与测量准确程度有关的数值大小时,则为有效数字,这与数字 0 在数值中的位置有关。例如,单纯的数值结果 0.3、0.03,而在实验试剂的配制中经常有表述:准确称量 0.1000 g,则说明的是称量结果的准确要求到最小称量的分值或者器材"能力"。

因此,有效数字的位数主要取决于数据的正确记录和数值的正确计算。在记录数据时,要考虑到器材的精密度和准确度,以及仪器本身的读数误差。通过合格的器材获得的测量数据,有效位数可以记录到最小分度值,保留 1 位不确定数字。举例如下:

(1)用分析天平称量配制溶液的药剂时,有效数字可以记录到小数点后面第四位(一般的最小分度值为 0.1 mg),因此可以保留到小数点后 4 位有效数字。

(2)用容量瓶配制溶液时,50 mL 容量瓶的准确体积为 50.00 mL;用移液管移取溶液时,读取的有效数字可以读到最小分度的后一位,也就是保留一位估读数字。

(3)对于测量用的仪器,例如分光光度计的最小分度值为 0.005,因此在比色法实验中,测定所得吸光度数值一般记录到小数点后第三位,其吸光度的有效数字也就最多 3 位。通常实验中会用到多种器材量取试剂,有效数字的位数保留以最少的某种器材的位数表示。

(4)对计算结果来说,绘制校准曲线得到一元线性回归方程时,曲线斜率 b 的有效数字,与自变量 x 的有效位数相同(或者仅多保留一位);对于曲线的截距 a,则与因变量 y 取齐,抑或比 y 多保留一位有效数字。

(5)在实验中,如果确定了分析计算的有效数字位数后,所有的数据数值均应一致。但是,对于非测量数据、理论定义的数据,则可根据计算的需要取舍确定有效位数。

另外,对于监测指标的对应分析方法而言,每一种方法都有相应的检出限,如果一种方法的最低检出浓度数值保留到小数点后第二位,计算得到的测定结果也要保留到小数点后第二位,否则保留位数多了不合理,少了则不正确。

2. 有效数字的修约取舍规则

(1)对于要进行舍弃的数字,如果最左边一位数字小于5,舍去;如果大于5,当后边的数字并非全部为0时,则进1。

例如:12.1498修约到1位小数,小数点后1的后边数字小于5,因此得到的是12.1。

(2)特殊的情况,当要进行舍弃的数字最左边的数字是5,而且5的后边都是0或者没有数字,在取舍的时候要看5的左边一位,如果5的左边是奇数,则进1,如果是偶数则舍弃。

例如:1.0500修约到小数点后1位,小数点后第一位是偶数0,因此得到的是1.0。0.350也修约到小数点后1位,由于3是奇数,因此修约后得到的是0.4。

3. 修约度量

(1)修约间隔:指的是一种确定修约保留位数的方式。如果确定了修约间隔的数值,则修约值应当按照该间隔数值的整数倍进行。

例如:如果指定修约间隔为0.1,则修约值应当在0.1的整数倍中选取,相当于将数值修约到一位小数。相应地,如果指定修约间隔为100,那么修约值应当在100的整数倍中选取,相当于将数值修约到百数位。

(2)单位修约:指的是将修约间隔设定为指定位数的倍数单位。

例如,将60.28修约到个位数的0.5单位,则说明需要将该数值保留一位小数,同时该小数位的数值是个位数单位1的0.5倍,因此修约后得到60.5。

如果是要求将832修约到百位数的0.2单位,则百位数的单位是100,一个0.2单位是20,由于32>20,因此修约得到的最接近的数值是840。

4. 负数的修约

负数修约前,先要将其绝对值按照修约规则修约,然后在绝对值修约后的数值前面加"一"号。例如,−0.0365修约2位有效位数,原数的绝对值是0.0365,2位有效数字,即根据规则修约到小数点后第三位,由于偶数6的后边刚好是5,因此得到0.036,加"一"号,最终得到的修约数字是−0.036。

5. 数字不能连续修约

例如,15.4546做间隔为1的修约,即要修约到个位数,因此应当是15,也就是要求一次性完成修约。假如按照连续的方式,15.4546→15.455→15.46→15.5→16,这样得到的数值从修约方式、修约结果上都是错误的。

二、可疑数据的检验方式选择

实验测定的一组或者多组数据,如果一组中的某个数值,或者分组数据的平均值,通过格鲁布斯(Grubbs)检验法或狄克松(Dixon)检验法检验是离群数值,则应当剔除该可疑数据,或者明确是哪组数据存在可疑,再对存在可疑数据的组进行内部数据的检验。另外,用Grubbs检验方法或Dixon检验方法检验时,检出异常值的统计检验的显著性水平 α(即检出水平)的取值为5%。

三、实验结果的精密度和准确度表达

1. 精密度的表示

相对偏差表示：多次平行样品测定结果进行相对偏差计算，可以按照下式计算得到，即

$$相对偏差 = \frac{x_i - \bar{x}}{\bar{x}} \times 100\%$$

式中：x_i——某一测量值；

$\bar{x}$——多次测量值的均值。

一组测量值的精密度用标准偏差或相对标准偏差表示，可按照下式计算得到：

$$标准偏差(S) = \sqrt{\frac{1}{n-1} \sum_{i=1}^{n} (x_i - \bar{x})^2}$$

$$RSD(相对标准偏差) = \frac{S}{\bar{x}} \times 100\%$$

2. 准确度的表示

通常多根据标准物质的测定结果，相对误差的计算可按照下式计算得到，即

$$相对误差 = \frac{测定值 - 保证值}{保证值} \times 100\%$$

以加标回收率表示准确度，可以通过下式计算得到，即

$$回收率(P) = \frac{加标试样的测定值 - 试样测定值}{保证值} \times 100\%$$

参考文献

[1] 奚旦立.环境监测[M].5 版.北京：高等教育出版社,2018.

[2] 邓晓燕,初永宝,赵玉美.环境监测实验[M].北京：化学工业出版社,2015.

[3] 戴竹青,牛显春,赵霞,等.环境监测实验与实践[M].北京：中国石化出版社,2018.

[4] 国家环境保护总局.水和废水监测分析方法编委会.水和废水监测分析方法[M].4 版.北京：中国环境科学出版社,1989.

[5] 王罗春,郑坚,齐雪梅.环境监测实验[M].北京：中国电力出版社,2018.

[6] 国家环境保护总局科技标准司.地表水和污水监测技术规范：HJ/T 91—2002[S].北京：中国环境科学出版社,2003.

[7] 环境保护部科技标准司.水质 采样方案设计技术规定：HJ 495—2009[S].北京：中国环境科学出版社,2009.

[8] 环境保护部科技标准司.水质 采样技术指导：HJ 494—2009[S].北京：中国环境科学出版社,2009.

[9] 环境保护部科技标准司.水质采样 样品的保存和管理技术规定：HJ 493—2009[S].北京：中国环境科学出版社,2009.

[10] 国家环境保护总局科技标准司.环境空气采样器技术要求及检测方法：HJ/T 375—2007[S].北京：中国环境科学出版社,2007.

[11] 环境保护部科技标准司.环境空气质量监测点位布设技术规范（试行）：HJ 664—2013[S].北京：中国环境科学出版社,2013.

[12] 环境保护部监测司,环境保护部科技标准司.环境空气质量手工监测技术规范：HJ 194—2017[S].北京：中国环境科学出版社,2017.

[13] 中华人民共和国农业部.土壤检测第 1 部分土壤样品的采集、处理和贮存：NY/T 1121.1—2006[S].北京：中国农业出版社,2006.

[14] 国家环境保护总局科技标准司.水质 水温的测定温度计或颠倒温度计测定法：GB/T 13195—1991[S].北京：中国标准出版社,1992.

[15] 国家环境保护局标准处.水质 色度的测定：GB/T 11903—1989[S].北京：中国标准出版社,1990.

[16] 环境保护部生态环境监测司.水质 色度的测定 稀释倍数法：HJ 1182—2021[S].北京：中国环境科学出版社,2021.

[17] 国家环境保护局科技标准司.水质浊度的测定：GB/T 13200—1991[S].北京：中国质检出版社,1992.

[18] 国家环境保护局标准处.水质 总铬的测定：GB 7466—1987[S].北京：中国标准出版社,1987.

[19] 环境保护部科技标准司.水质 硝基苯类化合物的测定 气相色谱法：HJ 592—2010[S].北京：中国环境科学出版社,2010.

[20] 环境保护部科技标准司.水质 硝基苯类化合物的测定 气相色谱——质谱法：HJ 716—2014[S].北京：中国环境科学出版社,2014.

[21] 环境保护部科技标准司.水质 五日生化需氧量（BOD_5）的测定 稀释与接种法：HJ 505—2009 [S].北京：中国环境科学出版社,2009.

[22] 环境保护部环境监测司,环境保护部科技标准司.水质 化学需氧量的测定 重铬酸盐法：HJ 828—2017[S].北京：中国环境科学出版社,2017.

[23] 环境保护部规划标准处.水质 溶解氧的测定 碘量法：GB 7489—1987[S].北京：中国标准出版社,1987.

[24] 环境保护部科技标准司.水质 金属总量的消解 微波消解法：HJ 678—2013[S].北京：中国环境科学出版社,2013.

[25] 环境保护部科技标准司.水质 铬的测定 火焰原子吸收分光光度法：HJ 757—2015[S].北京：中国

环境科学出版社,2015.

[26]　中华人民共和国自然资源部.地下水质分析方法第 17 部分 总铬和六价铬量的测定 二苯碳酰二肼分光光度法:DZ/T 0064.17—2021[S].北京:中国标准出版社,2021.

[27]　国家环保局规划标准处.水质 六价铬的测定 二苯碳酰二肼分光光度法:GB 7467—1987[S].北京:中国标准出版社,1987.

[28]　国家环保局标准处.水质 高锰酸盐指数的测定:GB 11892—1989[S].北京:中国标准出版社,1989.

[29]　国家环境保护总局科技标准司.水质 粪大肠菌群的测定 多管发酵法:HJ 347.2—2018[S].北京:中国环境出版社,2018.

[30]　生态环保部生态环境监测司,生态环境部法规与标准司.水质 浮游植物的测定 0.1 mL 计数框-显微镜计数法:HJ 1216—2021[S].北京:中国环境科学出版社,2021.

[31]　环境保护部科技标准司.水质 氟化物的测定 氟试剂分光光度法:HJ 488—2009[S].北京:中国环境科学出版社,2009.

[32]　环境保护部科技标准司.水质 总氮的测定 碱性过硫酸钾消解紫外分光光度法:HJ 636—2012[S].北京:中国环境科学出版社,2012.

[33]　国家环境保护局规划标准处.水质 亚硝酸盐氮的测定 分光光度法:GB 7493—1987[S].北京:中国质检出版社,1987.

[34]　国家环境保护局规划标准处.水质 硝酸盐氮的测定 酚二磺酸分光光度法:GB/T 7480—1987[S].北京:中国标准出版社,2011.

[35]　环境保护部科技标准司.水质 氨氮的测定 纳氏试剂分光光度法:HJ 535—2009[S].北京:中国环境科学出版社,2010.

[36]　环境保护部科技标准司.水质 硝基苯类化合物的测定 气相色谱法:HJ 592—2010[S].北京:中国环境科学出版社,2011.

[37]　国家环境保护局标准处.水质 氯化物的测定 硝酸银滴定法:GB 11896—1989[S].北京:中国标准出版社,1990.

[38]　国家环境保护局规划标准处.水质 总砷的测定 二乙基二硫代氨基甲酸银分光光度法:GB 7485—1987[S].北京:中国质检出版社,1987.

[39]　国家环境保护局规划标准处.水质 铅的测定 双硫腙分光光度法:GB/T 7470—1987[S].北京:中国标准出版社,1987.

[40]　环境保护部科技标准司.环境空气颗粒物($PM_{2.5}$)手工监测方法(重量法)技术规范:HJ 656—2013[S].北京:中国环境科学出版社,2013.

[41]　环境保护部环境监测司,环境保护部科技标准司.环境空气 一氧化碳的自动测定非分散红外法:HJ 965—2018[S].北京:中国环境科学出版社,2018.

[42]　国家卫生和计划生育委员会.工作场所空气有毒物质测定 第 37 部分一氧化碳和二氧化碳:GBZ/T 300.37—2017[S].北京:中国标准出版社,2017.

[43]　环境保护部科技标准司.环境空气 臭氧的测定 靛蓝二磺酸钠分光光度法:HJ 504—2009[S].北京:中国环境科学出版社,2009.

[44]　环境保护部科技标准司.环境空气 PM_{10} 和 $PM_{2.5}$ 的测定 重量法:HJ 618—2011[S].北京:中国环境科学出版社,2011.

[45]　环境保护部科技标准司.环境空气 氮氧化物(一氧化氮和二氧化氮)的测定 盐酸萘乙二胺分光光度法:HJ 479—2009 [S].北京:中国环境科学出版社,2009.

[46]　国家环境保护局规划标准处.空气质量 甲醛的测定 乙酰丙酮分光光度法:GB/T 15516—1995[S].北京:中国质检出版社,1995.

[47]　国家卫生和计划生育委员会.公共场所卫生检验方法 第 2 部分化学污染物:GB/T 18204.2—2014[S].北京:中国标准出版社,2014.

[48]　卫生部.居住区大气中甲醛卫生检验标准方法 分光光度法：GB/T 16129—1995[S].北京：中国质检出版社,1996.

[49]　环境保护部科技标准司.环境空气 二氧化硫的测定甲醛吸收-副玫瑰苯胺分光光度法：HJ 482—2009[S].北京：中国环境科学出版社,2009.

[50]　生态环境部生态环境监测司,生态环境部法规与标准司.固定污染源废气 一氧化碳的测定 定电位电解法：HJ 973—2018[S].北京：中国环境科学出版社,2018.

[51]　生态环境部生态环境监测司,生态环境部法规与标准司.土壤和沉积物 铜、锌、铅、镍、铬的测定 火焰原子吸收分光光度法：HJ 491—2019[S].北京：中国环境科学出版社,2019.

[52]　生态环境部生态环境监测司,生态环境部法规与标准司.土壤和沉积物 石油烃（C_{10}—C_{40}）的测定 气相色谱法：HJ 1021—2019[S].北京：中国环境科学出版社,2019.

[53]　生态环境部生态环境监测司,生态环境部法规与标准司.土壤和沉积物 多环芳烃的测定 高效液相色谱法：HJ 784—2016[S].北京：中国环境科学出版社,2016.

[54]　环境保护部科技标准司.土壤 可交换酸度的测定 氯化钾提取-滴定法：HJ 649—2013[S].北京：中国环境科学出版社,2013.

[55]　环境保护部环境监测司,环境保护部科技标准司.土壤 pH 值的测定 电位法：HJ 962—2018[S].北京：中国环境出版集团,2018.

[56]　全国烟草标准化技术委员会卷烟分技术委员会.土壤中有机氯农药残留量的测定 气相色谱法：YC/T 386—2011[S].北京：中国标准出版社,2011.

[57]　环境保护部环境监测司,环境保护部科技标准司.土壤和沉积物 有机氯农药的测定 气相色谱法：HJ 921—2017[S].北京：中国环境科学出版社,2017.

[58]　环境保护部科技标准司.土壤和沉积物 多环芳烃的测定 气相色谱-质谱法：HJ 805—2016[S].北京：中国环境科学出版社,2016.

[59]　环境保护部科技标准司.土壤氨氮、亚硝酸盐氮、硝酸盐氮的测定 氯化钾溶液提取 分光光度法：HJ 634—2012[S].北京：中国环境科学出版社,2012.

[60]　环境保护部科技标准司.土壤和沉积物 汞、砷、硒、铋、锑的测定 微波消解/原子荧光法：HJ 680—2013[S].北京：中国环境科学出版社,2014.

[61]　环境保护部科技标准司.土壤 干物质和水分的测定 重量法：HJ 613—2011[S].北京：中国环境科学出版社,2011.

[62]　农业部.土壤质量总汞、总砷、总铅的测定　原子荧光法　第 1 部分土壤中总汞的测定：GB/T 22105.1—2008[S].北京：中国标准出版社,2008.

[63]　环境保护部科技标准司.固体废物 六价铬的测定 碱消解/火焰原子吸收分光光度法：HJ 687—2014[S].北京：中国环境科学出版社,2014.

[64]　生态环境部生态环境监测司,生态环境部法规与标准司.土壤和沉积物 六价铬的测定 碱溶液提取——火焰原子吸收分光光度法：HJ 1082—2019[S].北京：中国环境出版集团,2019.

[65]　全国工业过程测量和控制标准化技术委员会.微波消解装置：GB/T 26814—2011[S].北京：中国标准出版社,2011.

[66]　国家环境保护总局科技标准司.土壤环境监测技术规范：HJ/T 166—2004[S].北京：中国环境科学出版社,2005.

[67]　环境保护部环境监测司,环境保护部科技标准司.土壤和沉积物 有机物的提取 超声波萃取法：HJ 911—2017[S].北京：中国环境科学出版社,2017.

[68]　环境保护部科技标准司.社会生活环境噪声排放标准：GB 22337—2008[S].北京：中国环境科学出版社,2008.

[69]　环境保护部科技标准司.环境噪声监测技术规范 城市声环境常规监测：HJ 640—2012[S].北京：中国环境科学出版社,2013.

[70]　环境保护部科技标准司.工业企业厂界环境噪声排放标准：GB 12348—2008[S].北京：中国环境科

学出版社,2008.

[71] 环境保护部环境监测司,环境保护部法规与标准司.水质 细菌总数的测定 平皿计数法:HJ 1000—2018[S].北京:中国环境出版集团,2018.

[72] 环境保护部环境监测司,环境保护部科技标准司.水质 叶绿素 a 的测定 分光光度法:HJ 897—2017[S].北京:中国环境科学出版社,2017.

[73] 环境保护部科技标准司.水质 多环芳烃的测定 液液萃取和固相萃取高效液相色谱法:HJ 478—2009[S].北京:中国环境科学出版社,2017.

[74] 环境保护部科技标准司.生物多样性观测技术导则 陆生维管植物:HJ 710.1—2014[S].北京:中国环境科学出版社,2015.

[75] 生态环境部土壤生态环境司,生态环境部法规与标准司.建设用地土壤污染风险管控和修复监测技术导则:HJ 25.2—2019[S].北京:中国环境出版集团,2017.

[76] 国家环境保护局科技标准司.大气污染物无组织排放监测技术导则:HJ/T 55—2000[S].北京:中国环境科学出版社,2000.

[77] 生态环境部生态环境监测司,生态环境部法规与标准司.水质浮游植物的测定 滤膜-显微镜计数法:HJ 1215—2021[S].北京:中国环境出版集团,2021.

[78] 生态环境部土壤生态环境司,生态环境部法规与标准司.污染地块风险管控与土壤修复效果评估技术导则:HJ 25.5—2018[S].北京:中国环境出版集团,2018.

[79] 国家标准化管理委员会.数值修约规则与极限数值的表示和判定:GB/T 8170—2008[S].北京:中国标准出版社,2009.

[80] 国家标准化管理委员会.数据的统计处理和解释正态样本离群值的判断和处理:GB/T 4883—2008[S].北京:中国标准出版社,2009.